《보이지 않는 것의 발견》은…

1949년 일본인 최초로 노벨 물리학상을 수상한 유카와 히데키가 동양적 세계관과 현대 물리학이 접목된 그만의 시선으로 세상과 사회, 그리고 자신의 인생과 학문에 대해 관조적으로 써내려간 자전적 에세이이다. 2차 세계대전 직후 암울한 시대상황 속에서 세계 과학계의 변두리에 위치해 있던 일본의 과학자가 최첨단 과학이라 할 수 있는 원자 물리학 분야에서 국제적 권위의 노벨상을 수상했다는 사실은 일본인들의 자긍심을 심어주었을 뿐만 아니라 아시아 과학의 위상을 새롭게 정립하는 계기가 되었다.

유카와 히데키는 노벨 물리학상을 수상한 세계적 석학이라는 사실 이외에도 겸손하고 성실한 학자이자 핵무기 폐기를 위해 노력한 인간적인 과학자로 일본인들 사이에서 존경을 한 몸에 받고 있는 인물이기도 하다. 이처럼 과학자로서 최고의 영예를 가졌으나 자연 앞에 겸손하고, 학문 앞에 정직하며, 세상 앞에 용감한 모습으로 일본 지식인의 사표(師表)가 되었던 그의 학문과 인생에 정수가 그대로 담겨 있는 이 책은 출간 당시 일본의 청년들에게 큰 활력을 불어넣었다. 또한 높은 물리학의 시각에서 씌어진 세상과 사회에 대한 그의 견해와 생각은 일본 사회에 신선한 바람을 일으키기도 했다.

이 책이 처음 출간된 지 이미 60여 년이 지났지만, 최고의 과학자가 자연계에 숨어 있는 비밀을 얼마나 열정적으로 탐구하고자 했는지, 그리고 진리 탐구에 얼마나 겸손한 자세를 가지고 있었는지에 초점을 맞춘다면 물리학을 통해 바라본 세계가 어떤 모습인지 이해하고 물리학에 한 걸음 다가가는 데 좋은 길잡이가 될 것이다.

모던&클래식은
시대와 분야를 초월해 인류 지성사를 빛낸 위대한 저서를 엄선하여
출간하는 김영사의 명품 교양 시리즈입니다.

보이지 않는 것의 발견

ME NI MIENAI MONO
by Hideki YUKAWA

Copyright ⓒ 1976 by Hideki YUKAWA • All rights reserved.•
Original Japanese edition published by KODANSHA LTD.
Korean publishing rights arranged with KODANSHA LTD.,
through Imprima Korea Agency.

보이지 않는 것의 발견

지은이 유카와 히데키
옮긴이 김성근
1판 1쇄 인쇄 2012. 2. 10
1판 1쇄 발행 2012. 2. 17

발행처_ 김영사 • 발행인_ 박은주 • 등록번호_ 제406-2003-036호 • 등록 일자_ 1979. 5. 17 • 주소_ 경기도 파주시 교하읍 문발리 출판단지 515-1 우편 번호 413-756 • 전화_ 마케팅부 031)955-3100, 편집부 031)955-3250 • 팩시밀리_ 031)955-3111 • 이 책의 한국어판 저작권은 Imprima Korea Agency를 통한 Kodansha Ltd.와의 독점 계약으로 김영사에 있습니다. 저자와 출판사의 허락 없이 내용의 일부를 인용하거나 발췌하는 것을 금합니다.

값은 뒤표지에 있습니다. ISBN 978-89-349-5611-2 04400, 978-89-349-5063-9(세트) • 독자의견 전화_ 031)955-3200 • 홈페이지_ http://www.gimmyoung.com • 이메일_ bestbook@gimmyoung.com • 좋은 독자가 좋은 책을 만듭니다 • 김영사는 독자 여러분의 의견에 항상 귀 기울이고 있습니다.

目に見えないもの

보이지 않는 것의 발견

유카와 히데키

김성근 해제·옮김

차례

해제 ………… 7

해설 ………… 18

제1부

이론 물리학의 세계 ………… 33
고대의 물질관과 현대과학 ………… 43
에너지의 원천 ………… 52
물질과 정신 ………… 81

제2부

반생의 기록 ………… 103
유리 세공 ………… 118
소년 시절 ………… 128
두 분의 아버지 ………… 136

目 に 見 え な い も の

제3부

물리학에 뜻을 두고 ············ 153

과학과 교양 ··········· 155

진실 ········· 158

미래 ········· 160

일식 ········· 162

눈의 여름 휴가 ··········· 165

독서와 저작 ·········· 169

말하는 언어, 쓰는 언어 ············ 172

《현대의 물리학》 ············ 177

《물질의 구조》 ············ 180

《피에르 퀴리 전》 ············ 185

눈과 손과 마음 ············ 190

눈에 보이지 않는 것 ············ 195

사상의 결정 ··········· 198

일러두기

• 각주에는 저자 주와 역자 주를 함께 넣었다. 단 역주는 (옮긴이)로 표시했다.

해제

어느 물리학자가 만난 세상

김성근

유카와 히데키와 20세기 초 원자 물리학계

이 책은 일본인 최초의 노벨 물리학상을 수상자 유카와 히데키(1907~1981)의 《눈에 보이지 않는 것目に見えないもの》을 번역한 것이다. 일본인들에게 유카와 히데키에 대해 물을 때마다 훌륭한 인격의 소유자, 인간적인 과학자, 핵무기 폐기를 위해 노력한 과학자 등등의 답변을 듣는 경우가 많다. 20세기 중엽에 활약했던 과학자임에도 불구하고, 그가 일본인들에게 여전히 좋은 기억으로 남아 있는 것은 천성적으로 겸손한 성품은 물론, 제2차 세계대전이라는 암울한 시대상황 속에서 일본인 최초의 노벨상 수상이라는 드라마틱한 성공담의 주인공이기 때문일 것이다. 더군다나 당시

까지만 해도 세계 과학계의 변두리에 위치해 있던 일본에서 그것도 최첨단 과학이라 할 수 있는 원자 물리학 분야에서 국제적 권위의 노벨상을 수상했다는 것은 그 성공담을 더욱 빛나게 한 요인이었다. 그러나 정작 그가 당시의 척박한 환경에서 세계 최고의 과학자로 인정받기까지는 결코 순탄한 과정만이 있었던 것은 아니다.

1897년 영국의 물리학자 톰슨J. J. Thomson, 1856~1940이 전자를 발견하여 원자 내부의 세계로 첫발을 내디딘 뒤, 1911년 러더포드Ernest Rutherford, 1871~1937는 원자가 원자핵과 그 주위를 회전하는 전자로 이루어져 있다는 실험 결과를 발표했다. 이처럼 서양권에서 원자 내부로의 본격적 탐사가 시작되고 있었을 때, 유카와는 일본의 고풍스러운 도시 교토에서 소년 시절을 보내고 있었다. 비교적 평탄한 청년기를 거친 유카와가 물리학을 전공하기로 하고 교토대학에 입학한 것은 1926년이다. 그 전 해인 1925년에는 독일의 물리학자 하이젠베르크가 행렬역학을, 1926년에는 슈레딩거가 파동역학을 발표하는 등 당시 원자 물리학계는 하루가 멀다 하고 새로운 이론들을 양산하고 있었다. 그러나 유카와가 대학에 진학했을 때, 소위 양자역학의 전문가라고 부를 수 있는 연구자는 일본에 거의 없었다. 따라서 대학 시절의 유카와는 이 미지의 분야를 거의 독학으로 공부할 수밖에 없었다.

1929년 대학을 졸업한 유카와는 졸업 이후 은사 타마키 교수의 연구실에 무급의 연구원 신분으로 들어가 연구생활을 시작했다. 그런데 1932년 유카와가 결혼하던 해에 원자 물리학의 역사상 대사건이 일어났다. 중수소, 양전자 등 일찍이 그 실체가 알려진 적 없었던 새로운 입자들의 등장에 이어 영국의 물리학자 채드윅 James Chadwick, 1891~1974이 더 이상 분할할 수 없을 것 같았던 원자핵 내부에서 중성자neutron를 발견한 것이다. 중성자가 발견되자 하이젠베르크는 곧 원자핵이 중성자와 양자로 이루어져 있다는 원자핵 구조론을 전개했다. 그런데 채드윅의 이 중성자 발견은 단순히 새로운 소립자 하나를 더 발견한 것 이상의 의미를 지니고 있었다. 알려진 대로 중성자는 양자와 거의 비슷한 무게를 갖고 있지만, 전기적으로는 중성의 입자이다. 이에 비해 양자는 양전하를 띤 입자이다. 그렇다면 서로 전기적 성질이 다른 중성자와 양자가 어떻게 함께 결합하여 원자핵을 이루는 것일까? 다시 말해 원자핵은 왜 붕괴되지 않는 것일까? 이 같은 핵력의 문제가 곧 세계 원자 물리학자들의 관심을 일거에 끌어모으기 시작했다.

노벨 물리학상과 유카와 히데키

핵력의 문제가 제기된 이후, 많은 연구자들은 이 힘의 실체를 규명하기 위해 노력했다. 당시의 유카와도 핵내 문제에 관심을 기울이고 있었음은 물론이다. 그런 와중에 1934년 페르미가 발표한 베타(β) 붕괴 이론은 유카와에게 중요한 암시를 던져주었다. 베타 붕괴 이론은 자연계에 중성자를 놓아두면, 양자와 전자 그리고 전자 반중성미자로 붕괴한다는 것을 이론적으로 기술한 것이다. 페르미는 이 중성자 붕괴를 일으키는 힘을 약한 상호작용(약력)이라 불렀는데, 그는 이것을 종래 전자와 빛에 대한 양자전기역학에서 사용해오던 장의 이론을 도입하여 설명하고자 했다. 이 페르미의 베타 붕괴 이론에 자극을 받은 유카와는 원자핵 내부의 핵력의 문제를 역시 장의 이론을 도입하여 설명하고자 했다. 이것이 곧 중간자론이다.

유카와가 중간자론을 발표한 것은 1934년 11월로, 당시 그의 나이는 불과 스물여덟 살이었다. 그리고 이 중간자론은 이듬해 〈소립자의 상호작용에 대해 On the interaction of elementary particles〉라는 영어 논문으로 세상에 알려졌다. 새삼 거론할 필요도 없지만, 중간자론이란 원자핵을 이루는 양자와 중성자 사이에 '중간자'라는 입자가 존재하여 이것이 양자와 중성자 사이를 오가며 강한 상호

작용(강력)의 원인이 된다는 것이다. 유카와는 이 중간자가 전자의 약 200배의 질량을 가졌다고 추정했는데, 중간자라는 명칭은 그 질량이 대략 전자와 중성자(혹은 양자)의 중간 정도였기에 붙여진 것이다.

그러면 이 대담한 가설을 당시의 과학계는 어떻게 받아들였을까? 본문에서 유카와가 말하고 있듯이, 발표 당시 중간자론은 몇몇 일본인 학자들을 제외하고는 세계의 과학계자들에게 거의 주목을 받지 못했다. 그러나 이듬해인 1936년, 미국의 물리학자 칼 앤더슨Carl David Anderson, 1905~1991이 우주선 안에서 유카와가 예상했던 중간자와 비슷한 질량을 가진 소립자를 발견함으로써 상황은 급반전하기 시작했다. 앤더슨의 이 발견은 유카와 히데키라는 이름을 국제 학계에 널리 알린 계기가 되었고, 그 결과 1939년 벨기에의 솔베이에서 열린 국제학회는 유카와를 최초의 일본인 강연자로 초청하기에 이른다. 그러나 당시는 공교롭게도 제2차 세계대전이 발발하기 직전이었다. 이 같은 불안정한 국제 정세는 국제학회의 중단이라는 사상 초유의 사태를 불러왔다. 학회는 불발로 끝났지만, 유카와라는 이름은 일본뿐만 아니라 서양권의 물리학자들 사이에도 널리 퍼지게 되었다.

1939년 유카와는 은사였던 타마키 교수의 후임으로 교토제국대학 교수가 되었다. 이듬해에는 일본 학사원이 매년 뛰어난 업적을 낸 연구자에게 수여하는 은사상恩賜賞을, 1943년에는 일본 문화 훈장을 수상했다. 그런데 흥미로운 것은 당시 앤더슨이 발견한 소립자는 유카와가 예상했던 중간자는 아니었다는 사실이다. 훗날 앤더슨의 소립자는 전자와 비슷한 뮤온muon이라는 사실이 확인되었다. 이렇게 볼 때, 당시까지만 해도 유카와에 대한 국내외의 명성은 상당 부분 오해와 행운이 결합된 채 쌓아올려진 것이었다고 해도 과언이 아니다. 그러나 1947년에 유카와의 명성이 결코 허구가 아님을 증명하는 사건이 일어났다. 영국인 물리학자 파웰Cecil Frank Powell, 1903~1969 등이 유카와가 예상했던 중간자(파이 중간자)를 마침내 찾아낸 것이다. 이 발견은 유카와를 결국 국제 원자 물리학계의 중심부로 올려놓았을 뿐만 아니라, 1949년 유카와에게 일본인 최초의 노벨 물리학상 수상자라는 영예 또한 안겨주었다.

    제2차 세계대전의 패전으로 무력함에 빠져 있던 일본인들에게 유카와의 노벨 물리학상 수상은 놀라운 뉴스가 아닐 수 없었다. 1949년 12월 12일자 아사히 신문은 유카와의 노벨상 수상을 전하는 기사에서 "패전 일본은 문명의 파괴자라고 일컬어졌다. 일본은 박사의 노벨상 수상에 의해 새로운 일본이 세계의 문화를 위해 아름다운 첫발을 내디뎠다는 것을 세계에 보여주었다"고 그 감격을 생생하게 묘사하고 있다.

유카와 이후의 원자 물리학계

유카와의 중간자론에 의해 소립자론은 새로운 시대를 맞이했다. 그러나 유카와의 중간자론은 여전히 해결해야 할 과제들을 남기고 있었다. 핵력의 본질은 무엇인가? 모든 소립자들의 상호작용을 통일적으로 이해하는 것이 가능한가? 이런 문제들을 해결하기 위해 유카와가 비국소장이론, 소영역이론 등으로 관심을 이행해갔다는 것은 잘 알려진 사실이다.

그런데 1950년대 들어 종래의 소립자론을 근본적으로 뒤흔들 만한 새로운 사건들이 발생했다. 과학자들은 일찍이 알려진 적 없었던 새로운 소립자들을 대량으로 발견하기 시작했다. 유카와가 중간자론을 발표하던 당시, 소립자의 종류는 바리온baryon(중입자)에 속하는 양자와 중성자, 메존meson(중간자)에 속하는 파이(π) 중간자, 렙톤lepton(경입자)에 해당하는 전자와 뉴트리노neutrino(중성미자), 그리고 광자와 중력자 등에 불과했다. 그러나 1950년대 들어 바리온에는 양자와 중성자 이외에 람다(Λ) 입자, 시그마(Σ) 입자, 델타(Δ) 입자, 오메가(Ω) 입자 등이, 메존에는 파이(π) 중간자 이외에 케이(K) 중간자, 로우(ρ) 중간자, 오메가(Ω) 중간자 등이 새롭게 발견되었다. 그리고 그 종류는 바리온과 메존만을 합치더라도 수백 종류를 넘어서기에 이르렀다. 전자, 뮤온muon, 타우온tauon, 전자 중성미자, 뮤온 중성미자, 타우온 중성미자 등 여섯 종류로 거의 굳어진 렙톤을 제외하고, 이미 수백 종류에 달한 바리온과 메존을 과연 '소립자'라고 부를 수 있을 것인가 하는 의문이 자연스럽게 등장했다. 바리온과 메존의 근저에는 그것을 구성하는 더 작은 입자들, 다시 말해 기본 입자들이 존재하지 않을까? 이러한 의문은 1962년 머리 겔 만Murray Gell Mann과 조지 츠바이크George Zweig 등에 의해 쿼크 모형이라는 새로운 이론으로 구체화되기에 이르렀다. 이 이론에 따르면 바리온과 메존의 근저에 '쿼크'라는 것이 있는데, 3개의 쿼크(u, d, s 쿼크)가 결합하여 바리온을 이루고, 쿼크와 반쿼크가 결합하여 메존을 이룬다.

아울러 1970년대 들어 일본의 고바야시와 마스카와는 겔 만과 츠바이크가 말한 3종류의 쿼크 이외에 또 다른 3개의 쿼크(c, b, t 쿼크)가 있다고 발표했다. 일명 코바야시-마스카와 이론으로 불리는 이 가설은 결국 2008년 노벨 물리학상 수상으로 열매를 맺게 되었다. 여담이지만, 고바야시와 마스카와는 이 이론을 1973년 일본의 영어 학술지인 〈이론 물리학의 진보Progress Theoretical Physics〉에 발표했는데, 이는 일찍이 유카와 히데키가 창간한 잡지였다. 유카와가 원자 물리학의 불모지에 뿌린 씨앗은 실로 오랜 시간을 거쳐 그 아름다운 과실을 맺었던 것이다.

이처럼 중간자의 발견 이후, 원자핵을 이루는 입자들의 근저에서 더 근본적인 입자들을 찾기 위한 시도는 20세기 초부터 현재까지도 계속되고 있다. 오늘날 물리학자들은 6개의 쿼크 입자와 렙톤에 속하는 6개의 입자들, 힘을 전달하는 4개의 매개 입자, 그리고 일명 신의 입자 God Particle로 일컬어지는 힉스 Higgs 입자 등이 물질을 구성하는 최소 입자라고 생각하고 있는 듯하다. 하지만 그간의 역사를 돌아볼 때, 이러한 입자들이 더 이상 쪼개질 수 없는 최소 입자인지에 대해서는 여전히 의문이 남는다. 아무튼 이 같은 원자 내부로의 여행이 궁극적으로 우주 탄생의 비밀을 풀 수 있을 것인지, 아울러 인간은 그곳에서 마침내 신과 조우할 수 있을 것인지 흥미로운 문제가 아닐 수 없다.

이 책을 읽는 독자들을 위한 제안

이 책은 제2차 세계대전이 종결된 이듬해인 1946년에 출간된 것이다. 하지만 이 책에 나온 대부분의 글들은 전쟁이 벌어지고 있던 당시, 유카와가 틈틈이 써놓은 것들이다. 그런 점에서 책의 곳곳에서 유카와는 전쟁터에 나간 학도병들에 대한 안쓰러움을 토로하고 있다. 이 같은 표현은 일본의 식민통치를 경험한 아시아 각국 특히 한국의 독자들에게는 약간의 괴리감을 던져줄지도 모른다. 하지만 유카와라는 당시의 일류 물리학자가 자연계에 숨어 있는 비밀을 파헤치고자 했던 열정, 그리고 그가 갖고 있던 편견 없는 자세 등에 초점을 맞춘다면, 한 물리학자의 눈을 통해 그려진 세계가 어떤 모습이었는지를 이해하는 데 이 책은 더할 나위 없는 좋은 길잡이가 될 것이다.

아울러 이 책을 읽는 독자들은 20세기 초 원자 물리학의 최전선에서 활약했던 유카와 히데키가 책의 곳곳에 펼쳐 놓은 '단가'들과 만나게 될 것이다. 원자 물리학이라는 지극히 무미건조한 학문의 연구자에게서 이 같은 예술적 향기를 접하게 되는 것은 결코 흔한 일이 아니다. 1868년의 메이지 유신 이후 일본은 근대화=서양화를 향해 곧장 달려왔다고 해도 과언이 아니다. 기존의 언어, 학문, 제도, 기관 등 많은 것들이 서양문명을 모델로 급격히 변신했다. 그럼에도 불구하고 책 곳곳에 보이는 동양적 사유는 유카와의 정신 내면에 흐르는 전통과의 연속성을 느끼게 해준다. 예를 들어 유카와는 현실의 근저에 있는 자연법칙을 발견하는 것은 '달인'이고, 현실의 근저에 있는 자연의 조화를 발견하는 것은 '시인'이라고 말한다. 즉 시인은 자신의 내면에 흐르는 이미지를 시적 언어로 표현한다. 그들은 이때 누구나 사용 가능한 흔하디 흔한 언어가 아니라, '의외의' 언어를 나열하여 그것을 전달하곤 한다. 이것은 마치 최전선의 과학자가 실험실에서 누구도 예상치 못한 '뜻밖의' 가설을 세우는 것과 어딘가 닮아 있지 않을까? 그것이 반드시 동양석 사유에서만 우러나오는 것은 아닐지라도 유카와의 내면에서 그 같은 감성은 동양사상에 의해 끊임없이 일깨워지고 있다는 느낌을 받게 된다. 과학자 유카와와 시인 유카와의 이 같은 절묘한 융합이 많은 일본인들로 하여금 그를 인간적인 과학자라고 기억하게 하는 중요한 이유 중 하나일 것이다.

해설

눈에 보이지 않는 것

가타야마 야스히사(片山泰久)

보이지 않는 것의 발견

이 책이 처음 출판된 것은 1946년이다. 전쟁 직후의 상황을 말해주듯이 종이질은 조악하고 볼품 없는 책이었지만 물질적, 정신적으로 굶주려 있던 많은 사람들에게 이 책은 기쁘게 받아들여졌다. 특히 내일을 모색하고 있던 젊은이들에게 그것은 등불과도 같았다.

세계 물리학계의 변두리에서 성장한 한 청년 학도가 일약 영광스러운 무대에 진출하는 꿈 같은 이야기는 청년들에게 큰 활력을 안겨주었다. 또한 현대 물리학의 고매한 시각에서 씌어진 신변잡기적인 견해와 생각은 신선한 바람이 되어 청년들을 스쳐갔다. 이 책에 의해 과학의 길로 들어선 청년들은 수없이 많다.

그러나 그것은 과거의 일시적인 현상이 아니다. "한 명의 평범한 인간이 어떤 동기에서 물리학에 뜻을 두었는가, 나아가 어떤 행운에 의해 과학자의 마지막 자리에 이름을 올리게 되었는가에 대해 말하는 것도 지금부터 과학의 길로 들어서려는 사람들에게는 조금이나마 자극이 되지 않을까 생각한다"고 쓴 저자의 의도가 이 책에 나타나 있다. 이런 이유로 이 책은 30년이 지난 오늘날에도 변함없는 생명력을 가지고 독자들에게 감동을 줄 것이다. 이 책은 그 같은 역할을 짊어진 책이다.

중간자론과 그 배후에

유카와 선생이 〈소립자의 상호작용에 대해〉라는 논문에서 중간자의 존재를 예언했던 것은 〈반생의 기록〉에서 말하고 있는 것처럼 1935년이다. 그것은 대담한 착상과 탁월한 추론으로 구성된 논문이었지만 그 당시에는 세계 학계의 주목을 끌지 못했다. 훗날 중간자론의 발전에 적지 않은 공헌을 했던 영국인 물리학자 캠머 Nicholas Kemmer, 1911~1998에 의하면, 물리학의 최신 화제를 토론하던 학계의 회의에서 유카와의 중간자론은 단 한 번도 화제가 된

적이 없다고 한다. 그 원인은 장場의 이론을 원자핵에 적용함으로써 원자핵에 작용하는 힘의 원인을 미지의 입자에서 구하려는 추론이 지나치게 대담했기 때문일 것이다. 예언했던 중간자는 이미 발견되었어야 했다고 생각한 사람들은 그것이 발견되지 않았던 이유를 들어 그 가설을 받아들일 수 없었다. 그러나 유카와 선생에게 행운이었던 것은 그로부터 2년 뒤 미국의 물리학자 앤더슨 Carl David Anderson, 1905~1991 등이 우주선 안에서 중간자와 비슷한 궤적을 발견한 것이다. 이 사건을 계기로 중간자론은 세계의 중심 화제로 부각되었다. 그리고 1949년, 유카와 선생은 그 공적을 인정 받아 노벨 물리학상을 수상했다.

  중간자론의 제창, 발전, 그리고 수상에 이르기까지 반생애를 통해 유카와 선생이 깨달았던 것은 이 책에 실린 글에 드러나 있다. 미개인의 경악과 공포를 비웃으면서도 현대인이 내일을 예측할 수 없다는 사실을 들어, 그 미지야말로 끊임없는 모험을 야기시킨다는 심경을 담은 〈일식〉은 중간자론을 제창한 이듬해의 기록이다. 그리고 그 모험은 진실을 향한 깊은 통찰과 결합하여 마침내 현실이 된다고 〈진실〉은 말하고 있다. 모험과 진실에 대한 유카와 선생의 신념은 이 시기에 만들어졌다고 볼 수 있다.

  중간자론이 세계적인 규모로 검토됨에 따라 유카와 선생은 다음 모험으로 관심을 옮기기 시작했다. 그것은 중간자론이 구체적인 부분에서 현상을 설명하지 못하게 되었을 때, 그 이유는 기초에 놓인 장의 이론의 결함 때문이라고 생각했기 때문이다. 중간자론을 완전한 것으로 유지하기 위해서도 장의 이론이 가진 결함을 제거할 필요가 있었다. 30대 중반을 넘어선 유카와 선생의 관심이 중간자론의 배후의 문제로 옮겨간 것은 처음에 장의 이론을 원자핵에 적용할 때부터 피할 수 없는 숙명이었는지도 모른다. 중간자론에는 아직 그 고유의 문제가 많이 남아 있었음에도 불구하고, 선생이 그것들을 넘어 가장 어려운 문제로 이행한 것은 그곳에서 큰 모험의 장소를 발견했기 때문일 것이다.

  장의 이론이 가진 결함을 제거한다는 것은 간단한 문제가 아니다. 그것은 양자역학과 상대성이론의 결합을 통해 형성된 체계였으며, 어떠한 수정도 이 둘의 제한과 모순되어 버린다. 그 장애를 넘어설 열쇠를 발견하기 위한 유카와 선생의 노력은 수년간 계속되었다. 〈이론 물리학의 세계〉에서는 "한편, 오늘날 이론 물리학의 중심 문제가 소립자론의 건설에 있다는 것은 두말할 필요가 없지만, 그것이 단순히 상대성이론과 양자역학의 형식적 통일에 의해 달성되리라는 전망은 거의 없다. 오히려 시간, 공간이나 소립자 같은 개념조차도 다시 한 번 근본적으로 검토해봄으로써 비로소 소립자론의 일관된 체계를 세울 수 있으리라 예상된다"라고 이미 나아가야 할 방향에 대해 말하고 있다.

비국소장의 이론

선생이 문제 해결의 실마리를 발견한 것은 이 책이 출판된 이듬해였다. 장의 이론이 가진 결함 중의 하나는 대상의 소립자에 대해 점상點狀의 모형을 상정하고 있었다는 것이다. 그러나 소립자가 시공적인 연장延長을 갖게 하는 것은 간단하지 않다. 그것은 양자역학과 상대성이론 어느 쪽인가에 모순되기 때문이다. 유카와 선생이 얻었던 단서는 장의 이론에 나타나는 점상입자에 대응하고 있던 장의 개념을 확장하여 시공적 연장을 가진 입자에 대응하도록 하는 것이었다. 그것은 지금까지 장이 시공의 한 점에서 결정되는 것에 반해 시공점의 조組를 부여함으로써 비로소 결정되는 비국소장을 도입하는 것으로 완성된다.

그 당시 소립자의 현상을 둘러싸고 새로운 환경이 출현했다. 하나는 빛과 전자를 취급하는 장의 이론, 즉 양자전기역학이 근본적인 결함을 교묘하게 피함으로써 실험 사실을 매우 적합한 수준으로 설명할 수 있다는 토모나가朝永, 슈윙거 Julian Schwinger, 파인만 Richard Feynman 등의 이론이 태동한 것이다. 이 쿠리코미라는 처방법은 중간자의 이론적 취급에도 역시 적용할 수 있기 때문에 굳이 장의 개념을 넓힐 필요가 없다는 생각이 등장하게 되었다.

그런데 그보다 더 큰 사건이 일어났다. 그것은 우주선 안에서 예상치 못했던 새로운 소립자가 몇 종류나 발견되기 시작한 것이다. 당시까지 소립자는 중간자가 대표하듯이 어떤 형태로든 그 존재가 예상되고 있었다. 발견된 소립자는 지금까지의 것과 거의 같은 역할을 하고 있었다. 따라서 장의 이론은 만약 결함을 쿠리코미로 피했다 하더라도 새로운 소립자를 다룰 필연성은 전혀 없었다. 혹시 보다 만족스러운 이론을 만든다고 하면, 그 새로운 소립자들은 이전부터 발견되어 있던 오랜 소립자와 함께 동일한 근거로부터 한꺼번에 기술하지 않으면 안 된다. 비국소장이론은 그런 성격을 가진 것으로서 주목받게 되었다.

  1953년, 일본에서 최초로 열린 이론 물리학 국제회의를 계기로 귀국한 유카와 선생은 비국소장을 토대로 소립자의 통일이론을 건설하기 시작했다. 비국소장은 시공적인 연장을 가진 소립자를 기술한다. 그 연장의 차이에 의해 소립자의 다양함을 표현하게 된다. 따라서 비국소장은 현실에 존재하는 소립자의 모든 것을 결정하는 통일적인 장이 된다고 해석할 수 있었다. 시간, 공간적인 연장을 가진 소립자의 장을 구하는 것은 사실 소립자의 배후에 있는 무엇인가가 전해주는 여러 가지 가능성의 결과이다. 이렇게 해서 장의 이론이 가진 결함을 제거하는 문제는 소립자의 다양한 존재와 깊이 연결되게 되었다.

소영역 이론

유카와 선생이 소립자의 통일 기술에서 취한 입장은 중간자론과 통하는 점도 있다. 중간자의 존재는 당시 우주선이나 원자핵의 현상에 보이는 복잡한 상황에 질서를 부여하는 역할을 하고 있었다. 비국소장의 도입도 소립자 물리에 대한 혼란에 방향을 제시하기 위한 것이었다. 그러나 통일 기술에서 중요한 점은 소립자의 배후에 있는 가능성의 세계로 거슬러 오르는 것에 있을 것이다. 소립자는 가능의 세계에 있는 무엇인가가 현실화된 것으로 보인다. 그것은 또 선생의 사상의 변화이기도 했다. "아주 젊었을 때의 나는 100일의 고통은 하루의 성공을 위한 것이라는 생각에 빠져 있었다. 근래 내 생각은 해가 갈수록 그것과 반대 방향으로 향했다", "보람 없이 끝나버린 것처럼 보이는 노력의 반복이 가끔밖에 찾아오지 않는 결정적 순간보다도 더 깊고 큰 의미를 가진 경우가 있지 않을까"라고 말하고 있다.

50대의 유카와 선생은 세계 각국을 방문하거나, 세계 평화회의의 출석과 개최로 바쁜 날들을 보냈다. 하지만 그런 와중에도 소립자의 통일이론에 대한 사색은 쉴 새 없이 계속되었다. 그중에서도 독일의 노벨상 물리학자 하이젠베르크가 제창한 비선형장에 의한 소립자의 통일이론은 새로운 자극을 불러왔다. 그 이론에서는 국소적인 장을 소립자의 원질이라고 생각하고, 비선형효과의 결과 현실화하는 형태로서 소립자의 다양성이 발생한다고 여겼다. 그러나 장의 이론이 가진 결함도 소립자의 다양한 존재도 모두가 비선형이라는 예측하지 못한 원인에 의한다는 점에서 불만족스럽게 여겨졌다. 소립자의 배후 세계라는 생각은 유카와 선생을 아인슈타인의 일반상대성이론에 대한 사상에 다가가게 했다.

일반상대론에서는 물질의 존재가 시간, 공간의 구조를 정한다. 그것이 다시 물질의 운동을 정한다. 일반상대론에는 그 같은 가능한 천지天地가 무수하게 준비되어 있다. 우리들이 사는 현실의 천지는 그 하나에 불과하다. 하나의 현실 세계만을 생각하는 한, 일반상대성이론의 아름다운 체계는 필요하지 않았을 것이다. 소립자의 세계에서도 사정은 닮아 있을지 모른다. 우리들이 사는 시공세계를 결정하고 있는 것은 소립자이다. 시간의 경과를 측정한다는 문제를 추적해가면 그것은 소립자 붕괴의 수명에 이르게 된다. 공간의 크기를 정하는 것도 소립자의 크기보다 작은 것은 무의미할 것이다. 그러면 소립자가 존재하여 시공세계를 정하고 있다고 생각하는 일도 가능할 것이다.

소립자 가속기는 그 후에도 놀랄만큼 다양한 소립자의 존재를 발견해왔다. 그리고 그 다양성은 자연 안에 있는 대칭성에 의해 질서를 이루고 있다는 것이 명확해졌다. 소립자에 다양한 시공적 연장을 부여하는 것은 이 대칭성을 부여하는 데 충분하고 풍부한 내용을 갖지 않으면 안 된다. 유카와 선생이 당초 제시했던 비국소장은 아직 충분한 내용을 갖고 있지 않았다. 비국소장의 개념을 확장하여 충분한 내용을 갖게 하면 어떻게 될까?

50대의 막바지경에는 선생의 사유에 동양적 사상의 그림자가 진하게 나타난 것을 부정할 수 없다. 그러나 그것은 너무 표면적인 관점일지도 모른다. 〈소년 시절〉에서 쓰고 있듯이 유년 시절부터 한자의 소양을 몸으로 체득한 선생의 사유에는 항상 서구적 사상을 가진 사람들이 쉽게 이해할 수 없는 요소가 없었다고 말할 수 없다.

동양적인 사상의 영향 안에서 선생의 사유를 이끌어간 것은 이백의 시문 "천지는 만물이 머무는 여관이요, 시간은 영원한 나그네다天地萬物之逆旅 光陰百代之過客"라는 구절이다. 천지는 시공이고, 만물은 소립자라고 해석할 수 있다. 여관이 있기 때문에 여행자들이 머문다고도, 여행자들이 있기 때문에 여관이 생겨났다고도 할 수 있다. 즉 여관인 시공과 여행자로서의 소립자는 이처럼 서로 연관을 맺고 있다. 소립자가 시공적인 연장을 가지고 생성, 소멸한다면 소립자가 결정하는 시공은 원래 소립자와 마찬가지로 원자론적인 성격을 갖지 않으면 안 될 것이다. 또 시공이 소립자를 존재하게 한다는 입장에서 보면 소립자에 다양성을 부여하는 것은 시공의 풍부한 가능성이다. 소립자의 불가분할성을 보증하는 것은 이 시공의 불가분할성이다. 시공도 일정하게 분할할 수 없는 요소로부터 되어 있는데 그것을 소영역素領域이라고 부른다. 소립자는 소영역의 형태 변화이며, 그 변화가 소영역 간을 이동하는 것에 의해 소립자의 현상이 실현된다. 유카와 선생은 여기서 처음으로 '소영역'의 사고에 도달했다. 소립자를 추적해가면 언젠가는 시간·공간의 문제에 도달할 것이라고 본 것은 이 책을 집필할 무렵이다. 그로부터 25년간의 끝없는 고뇌는 그 생각을 구체화하는 과정이었다.

그러나 소영역 이론은 아직 완성된 것이 아니다. 그것은 소립자 물리가 도달해야 할 하나의 길을 보여준 것일 뿐이다. 소립자 물리가 당면하고 있는 문제가 소영역의 사고에 의해 구체적으로 어떻게 해결될지는 지금부터의 과제이다.

고독과 영광의 길

유카와 선생이 지은 단가短歌에 "눈이 머지 않은 히에이比叡, 차가운 날의 적막하기 짝이 없는 곳에서 나의 길은 끝나지 않네"라는 작품이 있다. 연구실의 창밖에 보이는 히에이산比叡山이 적막함에 휩싸여 있다. 그것을 마주보고 연구를 계속해가는 자신도 고독함과 적막함에 휩싸여 있지만, 그 길은 언젠가 끝나는 것이 아니라는 의미이다. 이 노래처럼 선생은 영광에 둘러싸인 겉모습과는 달리 외로운 내면을 가지고 있었던 것 같다. 실제 중간자론을 제창하고 나서 오늘날까지 선생은 고독한 길을 걸어왔다. 그것은 선생이 인생은 끝없는 모험이라고 생각했던 청년 시절의 감회를 평생 잊지 않고 실천해왔기 때문일 것이다. 어느 누구도 발을 딛지 않은 미지의 땅이야말로 선생의 관심을 끄는 장소였다. 때문에 선생은 결코 소립자 물리의 정통파로 여겨지지 않았고, 선생도 역시 의식적으로 비정통파를 자처했다. 모험은 누구나 걸어갈 수 있는 길에 존재하지 않는다. 때문에 창조적인 일을 하기 위해서는 자기 자신의 길을 개척해가지 않으면 안 된다. 그 길을 걷는 사람은 흔하지 않기에 때때로 대화할 친구를 찾고 싶을 것이다. 선생이 쓴 것은 모두 그런 적막함에서 비롯된 이야기였다.

  이 책에 있는 글들은 선생이 30대의 절정기에 쓴 것이며, 그 시절 선생의 이야기이다. 그것들은 오늘날 유카와 선생이 쓴 것과 매우 다른 색채를 가지고 있는 것처럼 보인다. 그러나 거기에도 적막함의 세계를 걷는 청년의 모습이 보일 것이다. 그것은 또 그 자체로서의 평가가 이루어져도 좋다. 마지막으로 선생의 문장으로 마무리를 대신하고자 한다.

이 책에 들어 있는 한편 한편에는 펜을 들던 그때 그때의 내 기분이 스스로 느끼고 있던 것보다 훨씬 분명하게 흔적을 남기고 있는지도 모른다. 그 자신으로서는 생명을 갖지 못한 허물 안에도 예전의 매미의 모습이 선명하게 보이지 않을까? 그리고 시간과 함께 성장하여 탈피해가는 생명 안에 영원히 변치 않는 무언가가 있다는 것을 인정할 수 있지 않을까? 여기에 모은 글들의 바탕에도 어떤 하나의 공통적인 흐름이 있어서 시간이 지나도 여전히 그 신선함을 잃지 않을 수 있지 않을까? 각각의 순간에 가장 충실하게 사는 것이 결국 가장 영원한 것으로 귀일이기도 하지 않을까?

제 1 부

물리학의 세계

모든 물物 내부에
하나의 법칙이 있다고
날이 갈수록 깊이 생각하노라.[1]

이론 물리학의 세계

자연철학

이론 물리학의 계보를 역으로 거슬러 올라가면, 아마도 '신화'에까지 도달하게 될지도 모른다. 왜냐하면 오늘날의 상식으로 볼 때 과학과는 정반대의 존재로 생각되는 신화야말로 눈에 보이지

---

1. 유카와는 일본식 '단가短歌'를 즐겨 작사했던 것 같다. 20세기 초 물리학의 최전선에서 활약하던 자연과학자가 이처럼 '단가'를 짓는 취미를 갖고 있었다는 것은 오늘날의 관점에서 보자면 흔치 않은 일이다. 유카와의 이 같은 인문학적 소양은 어린 시절 조부로부터 배운 한학 지식이 바탕이 되었던 것으로 보인다. 여기에 보이는 '단가'는 모든 사물의 법칙들을 관통하는 하나의 통일적인 법칙이 있을 것이라는 기대를 드러내고 있다. (옮긴이)

않는 신들의 힘이 표출된 것으로, 자연현상 상호 간의 관련을 해명하려는 최초의 시도였기 때문이다.

그러나 신화가 언제까지나 물질현상의 이론으로 통용될 리는 없었다. 인간은 신들의 도움이 없이도 자연이 가지고 있는 힘의 적어도 일부분을 직접 자유롭게 다룰 수 있다는 사실이 점차 알려졌기 때문이다. 자연계의 여러 사물이나 현상을 드러내는 장치가 아무리 복잡 미묘한 것이더라도, 또한 그것이 본래 인간의 지식을 초월한 전능한 신의 손에 의해 창조되었다 할지라도, 이 장치만 파악하면 자연을 이해하고 더 나아가 어느 정도는 그것을 지배할 수 있다는 희망이 생겨난 것이다.

여기에 '자연철학'이 탄생했다. 그것은 언제나 '우주관'과 '물질관'의 두 부분을 포함하고 있었다. 서구에서 고대 자연철학을 대표하는 그리스 시대의 많은 학설들뿐만 아니라 동양의 다양한 인도철학들도 예외는 아니었다. 지구와 지구를 둘러싼 무수한 별들로 이루어진 우주의 구조, 그것은 모든 자연철학의 중심문제 중 하나였다. 그리고 여기에 오랜 역사에 걸쳐 천문학과 이론물리학 사이의 끝없는 교섭이 시작되었다. 이처럼 우주관과 물질관은 서로 간에 종종 표리일체를 이루었다. 우주를 구성하는 소재로서 물질의 본성이 마침내 문제가 되지 않을 수 없었다. 그리고 어떤 자연철학이든지 어떠한 형태의 '원질'을 가정했다. 처음에 그것은 인간의 생활에 가장 익숙하고 또 어디든지 두루 퍼져 있던 물이나, 불, 흙, 공기였다. 다른 모든 물질들은 이 원질들의 복잡한 혼합체라고 생각되었다. 그런데 물이나 흙과 같은 원질 자체가 더 작은 무수한 동질의 부분으로 나누어진다는 사실을 설명하기 위해서는 어떤 의미로든 원질을 구성하는 최소 단위로서의 '원자'를 인정하든가 아니면 원질은 아무리 희박해지더라도 공기처럼 작은 틈조차 없이 공간에 충만해 있다고 생각하지 않을 수 없었다. 경험적 사실과 비교하여 이 두 가지 설의 옳고 그름을 결정하는 것은 불가능했기에 원자론과 연속론은 오랫동안 대립하며 존속해왔을 뿐만 아니라 원자론 측에서는 원자 자신이 인간의 육안에는 보이지 않는 상상의 산물이었던 관계로 (각 민족의 신화들 사이에 차이가 있었던 것처럼) 서로 비슷하거나 다른 원자 모형이 여러 종류 고안되었다.

  이 같은 많은 학설들의 번성과 쇠퇴를 좌우했던 것은 창시자 혹은 추종자의 인격이나 식견에 대한 신뢰의 정도라든가 표현의 정교함, 그리고 종교적 권위와도 같은 다소 개인적, 사회적인 몇 가지 요인들이었다. 특히 서구에서 연속론이 고대와 중세를 거쳐 정통 학설로 자리 잡은 것은 주로 아리스토텔레스의 개인적 권위와 기독교의 지원에 의해서였다는 점은 그 대표적인 예이다. 그러나 이 같은 사태는 과학이 그 오랜 역사의 과정에서 당연히 거쳐야만 했던 발전단계의 하나로 간주해야 할 것이다. 그리고 여기서 우선 '연금술'의 형태로 발아한 화학이 오늘날의 모습으로까지 성장하여 결국 원자 물리학의 아름다운 꽃을 피우게 된 것이나 또는 현대인들에게는 미신의 표본에 불과한 점성술이 오랫동안 진실의 천문학과 배치되면서도 한편으로는 그 진보의 촉진자이기도 했던 사실들에 대해 경솔하게 일방적인 판단을 내려서는 안 된다.

이런 의미에서 고대로부터 중세에 이르는 자연철학은 (아르키메데스나 레오나드로 다빈치와 같은 소수의 예외자들을 제외하고는) 대체로 사변적이라는 비난에서 벗어날 수 없음에도 불구하고 신화에 이어 이론 물리학의 두 번째 조상과도 같은 자격을 지닌다고 말할 수 있다.

근대 물리학

그런데 오늘날 우리들이 이론 물리학이라고 부르는 학문의 원형이 성립한 것은 17세기를 전후한 시기였다. 거기에는 앞 시대의 학문과 구별할 수 있는 두 가지 특징이 있다. 하나는 수학의 도움에 힘입은 자연 묘사의 정밀화 또는 체계화였으며, 다른 하나는 추론의 전제 혹은 결과를 실험에 의해 검증하는 방식이었다.

물론 이 같은 특징이 앞 시대의 학문에 완전히 결여되어 있었던 것은 아니다. 전자에 관해서 우리들은 플라톤 등이 수학 특히 기하학에 의해 자연을 모형적으로 표현했던 많은 예들을 볼 수 있으며, 후자에 관해서는 예를 들어 정역학의 제정리에 관한 아르키메데스의 몇 가지 유명한 실험들을 떠올릴 수 있다. 그러나 자연현상, 특히 물체의 운동을 충실하게 시간의 경과에 따라 연속적으로 추적해가는 근대 역학, 구체적으로 말하면 '동역학'은 분명 17세기의 산물이다.

갈릴레이가 고대와 중세를 풍미하던 아리스토텔레스의 자연철학을 대체할 새로운 물리학의 기초를 확립할 수 있었던 것은 주도면밀한 관찰과 실험에 기초한 귀납적 방법의 결과였음은 말할 것도 없다. 그리고 그가 먼 스승으로 우러러보던 아르키메데스보다도 몇 발자국 더 전진할 수 있었던 것은 무엇보다 일련의 현상들이 서로 질적으로 다른 것이 아니라 조건을 변화시킴으로써 연속적으로 하나에서 다른 것으로 이동할 수 있다는 것을 더욱 확실하게 인정했던 점에 있다. 역학적 현상은 그 발생조건의 변화와 시간적 경과라는 두 방향에서 연속성을 갖는다는 것이 확실해졌다. 그러나 갈릴레이 자신은 그 특질을 정확하게 표현할 수학적 방법을 알지 못했다. 그의 후계자에 해당하는 뉴턴이 미분·적분법을 발견함으로써 비로소 역학의 체계가 완성되었을 뿐만 아니라 그 후 19세기 말까지 물리학의 순조로운 발전이 약속되었던 것도 근거가 있는 일이다. 이 200여 년은 과학에서 진정으로 행복한 시대였다. 왜냐하면 근대과학을 앞 시대의 자연철학과 구분하던 실증적 정신은 확고한 경험적 근거를 갖지 못한 많은 독단론을 파괴했지만, 과학자는 물질세계에 대한 꾸밈없는 실재론적 견해를 세상 사람들과 여전히 공유할 수 있었기 때문이다. 그리고 거기서 물리학적 이론은 그 자체가 현실세계의 충실한 재현으로 받아들여졌다.

현대 물리학

20세기의 물리학은 더 이상 그 같은 안정감을 갖지 못했다. 계속해서 출현하는 예상 밖의 실험적 사실들에 직면하여, 이론 물리학은 스스로가 의지했던 기초를 몇 번이나 의심해보지 않을 수 없었다. 그리스 이후의 자연철학을 근대과학으로까지 변모시켰던 실증적 정신은 이제 다시 17세기 이후의 이론 물리학 자신에게도 그것이 어떤 극한적 경우에만 성립한다는 점에서 '고전론'이라는 딱지를 붙였다. 마이켈슨Albert Abraham Michelson, 1852~1931[2]

의 실험을 정점으로 하는 경험적 사실들의 충실하고 합리적 해석의 결과로 태동한 상대성이론은 고전론에서 자명하다고 생각되었던 절대시간이나 절대공간을 부정하기에 이르렀다. 서로 고속으로 운동하는 두 관측자들 서로가 공간이라고 불렀던 것은 동일한 것이 아니었다. 두 관측자의 시계 바늘이 진행하는 방식은 같지 않았다. 여기에 전혀 새로운 우주관이 태동했다. 원자 물리학 방면에서 축적된 많은 실험적 사실들은 고전론에서는 서로 양립하지 않는 파동과 입자의 두 개념을 동일한 대상의 속성으로 인정할 것을 요구했다.

그 결과 태동한 새로운 물질관의 대표자가 양자역학이다. 그것은 파동과 입자 두 개념이 그 적용성의 범위를 서로 제한한다는 점을 명확히 했다. 동일한 전자의 위치와 속도를 동시에 측정할 수 있는 수단은 존재하지 않는다는 점과 그것이 파동성을 지닌다는 점이 표리일체를 이루고 있었던 것이다. 그러나 일반적으로 양

---

2. 마이켈슨은 폴란드계 미국 물리학자이다. 19세기 말 물리학자 몰리(Edward Williams Morley, 1838~1923)와 함께 에테르의 실체를 확인하기 위해 시도했던 마이켈슨-몰리의 실험으로 유명하다. 당시 물리학계에는 '에테르'라는 것이 빛의 파동을 전파하는 매질로서 우주공간에 널리 퍼져 있다는 가설이 유력했다. 마이켈슨과 몰리는 이 '에테르'의 존재를 확인하기 위해 일련의 실험을 행했지만, 실험 결과는 오히려 '에테르'의 존재를 부정하는 결정적 계기가 되었다.(옮긴이)

자역학의 귀결 중에서 가장 주목해야 할 것은 관측이 대상의 상태에 돌발적이고 비인과적인 변화를 일으킨다는 점이다. 연속적이고 인과적으로 변해가는 합법칙적 세계가 그대로 현실세계의 재현은 아니었다. 그것은 이른바 가능의 세계였다. 대상을 관측을 하는 행위는 많은 가능성들 중에서 하나를 선택하는 것을 의미했다.

상대성이론에서는 좌표의 선택에 의한 표현의 다양성에도 불구하고, 4차원 세계의 유일성이 의심받지 않았다. 양자역학에서도 힐베르트Hilbert 공간[3]처럼 고도로 추상적인 세계를 생각함으로써 다양한 표현을 통일할 수 있었다. 그러나 이 공간의 점이 대상의 상태를 대표하고, 일반적으로 현실의 실험적 사실과의 사이에 통계적, 확률적 관계밖에 가질 수 없다는 의미에서는 역시 일종의 가능적 세계에 지나지 않았다. 아울러 양자역학의 대상에 대해서는 외부로부터의 관측 가능성이 항상 예상된다. 그렇지 않으면, 현실세계와의 연결 고리를 잃어버리기 때문이다. 따라서 자기를 포함한 우주 전체를 대상으로 하는 것은 무의미해진다. 적어도 관측자

---

3. 힐베르트 공간이란 2차원(평면) 혹은 3차원(공간)의 유클리드 공간 개념을 일반화하여 벡터 계산의 방법을 3차원 이상(무한차원까지도)으로 확장한 것을 일컫는다. (옮긴이)

와 관측 장치가 제외되어 있다는 의미에서 항상 자연의 일부에 지나지 않는 것이다. 그것은 우리들이 살고 있는 현실세계 전체를 있는 그대로 객관화할 수 없다는 당연한 사태에 대응하는 일이다.

그런데 한편으로 물리학이 정밀과학으로 성립하기 위해서는 실험적 사실 자체를 정확하게 기술할 필요가 있다. 그러기 위해서는 먼저 우리들이 관측 장치라고 부르고 있는 것의 동작을 표현하는 데 적당한 이론을 발견하지 않으면 안 된다. 그것은 더 이상 양자역학 자체가 아닌, 더욱 직관적이고 자기와 더 가까운 것이 아니면 안 된다. 우리들이 양자역학의 극한적인 경우로 간주했던 고전물리학이 실은 매우 근사치로 이 목적에 적합하다. 여기서 물리학적 자연 인식의 이중성을 끌어낼 수 있다.

한편, 오늘날 이론 물리학의 중심문제가 소립자론의 건설에 있다는 점은 두말할 필요가 없지만, 그것이 단순히 상대성이론과 양자역학의 형식적 통일에 의해 달성되리라는 전망은 거의 없다. 오히려 시간, 공간이나 소립자 같은 개념조차도 다시 한 번 근본적으로 반성해봄으로써 비로소 소립자론의 일관된 체계를 세울 수 있으리라 예상된다. 그렇다고 해도 물질계가 서로 큰 차이가 없는 몇 종류의 소립자로 이루어져 있다는 기본적 사실은 소립자론적 세계의 복수성과 재현성을 암시하는 것으로, 이후의 이론 물리학도 이 같은 의미에서 보다 고도로 통계화될 것이라고 생각된다.

오늘날 이론 물리학이 지닌 하나의 큰 문제는 양자역학 및 통계역학에 입각한 새로운 물성론을 들 수 있는데, 여기서 자세히 논할 여유가 없는 것은 유감스러운 일이다.

이상을 요약하자면, 이론 물리학은 그 오랜 역사를 통하여 자기를 부정하며 사실에 복종하는 당연스런 운명을 몇 번이나 감수해 왔다. 그 결과 신화의 시대나 자연철학 시대와는 전혀 다른 모습으로 변해버렸다. 그리고 이후에도 몇 번이나 다시 새롭게 태어나지 않으면 안 되었다. 그러나 자연의 합법칙성과 제일성uniformity of nature에 대한 우리들의 신뢰가 배반당하지 않는 한 그것은 오랫동안 새로운 학문으로 영원히 존속할 것이다.

복잡한 시국으로 인해 급하게 집필한 결과 글이 체계적이지는 않지만, 전쟁터에 나가 있는 학도병들에게 잠시나마 길동무가 될 수 있다면 필자의 바람은 충분할 것이다. 자세한 것은 필자의 논문 〈이론 물리학에의 길〉(《극미의 세계》 중), 〈이론 물리학의 방향에 대해〉(《존재의 이법》 중), 〈물리학적 세계에 대해〉(같은 책)를 참조하기 바란다.

(1945년 4월)

✚ 물리학 발달의 역사적 개관에 대해서는 《근대에 있어서 물리학의 발달》에서 자세히 설명했다(1945년 11월).

고대의 물질관과 현대 과학

고대 인도의 자연관

자연계는 무엇으로 이루어져 있는가, 자연계에서 일어나는 여러 가지 현상들의 궁극적인 원인, 즉 "지배자는 누구인가"라는 문제는 자연과학이 아직 발달하지 않았던 고대로부터 이미 사람들의 중대한 관심사 중 하나였다. 어떤 민족이든지 이에 대한 최초의 해답은 '신화'의 형태로 출현했다. 예를 들어 훗날 불교를 배출했던 인도의 아리아 인종도 지금으로부터 3000년 내지는 3500년 이전부터 구전되어왔던 신화 '리그베다'를 남기고 있다. 그것은 자연계에서 일어나는 모든 현상을 다양한 신들의 힘의 표출이라고 생각했던 점에서 다른 모든 신화들과 동일하다. 예를 들면 태양과 같은 천체 운행의 지배자인 수르야, 번개의 지배자인 군신 인드라(훗날의 제석천帝釋天), 또는 불의 신 아그니, 하천의 신 사라스바티(훗날의 변재천辯才天) 등이 신앙의 대상이었다. 이 같은 다신교적 신앙은 이후 오랫동안 인도 사상의 한 특징으로 전해져 지금도 여전히 인도교 안에서 볼 수 있다.

그러나 이런 종류의 다신교적 혹은 자연신적 사상은 문화의 발전과 함께 점차 일신교적 사상에 의해 대체되는 것이 많은 민족들의 공통된 과정이었다. 예를 들어 같은 리그베다 안에도 훗날 만들어졌다고 생각되는 부분에는 우주의 다양한 현상을 유일한 최고 원리, 유일신에 귀속시켜 다른 여러 신들이나 만물을 모두 그것에서 파생한 것으로, 즉 2차적 지위에 놓으려고 하는 경향이 그것이다. 이에 수반하여 신화는 점점 철학적 색채를 띠게 된다. 즉 자연현상을 추상적 사변에 의해 이해하고 체계화하려는 '자연철학'의 형태를 취하게 되는 것이다. 그러면 거기에 다양한 학설이 출현하게 되는데, 그중에 어떤 것이 올바른가는 평소 눈에 띄는 자연현상에 대한 표면적 관찰이나 이것을 근거로 하는 귀납논리만으로 쉽게 판단할 수 없는 경우가 많다. 그 결과 서로 상반되는 생각이 대립하거나 번성, 쇠퇴하는 등의 과정을 거치면서 많은 사상이 존속할 수 있었다.

이것은 특히 그리스 철학에서 명료하게 보이는 현상인데, 인도에서도 고대의 바라몬 철학 '우파니샤드'를 거쳐 다양한 학파의 자연철학이 차례로 등장하게 된다. 그중에 오늘날의 물리학에서 볼 때, 가장 흥미로운 것은 '극미極微'라는 개념이다. 이 개념은 특히 승론파勝論派[4]에 의해 체계화되었는데, 그 사상은 불교에도 흡수되어 세친世親[5]이 저술한 《구사론俱舍論》에 상세하게 설명되어 있다.

이것을 간단하게 요약하면, 자연현상은 흙·물·불·바람이라는 4대大 이합집산에 근거한다는 것이다. 그리고 그 각각을 분석해가면, 결국 더 이상 분할할 수 없는 최후의 요소에 도달한다고 보고 이것을 극미라고 칭했다. 그것은 다른 것을 만드는 소인素因이지만 다른 것에 의해 만들어지는 것이 아닌 시작도 끝도 없는 실체이며, 그 형태는 모두 구형이라고 생각되었다. 4대 각자의 극미는 각각 성질을 달리한다. 예를 들어 물의 극미는 색·맛·촉감의 성질을 보유하고 액체로서의 촉촉함을 가지고 있다고 여겨졌다. 그리

---

4. 4세기 무렵 굽타왕조에서 발생한 인도의 육파(六派) 철학, 즉 베단타(Vedanta) 학파, 샹키아(Samkhya) 학파, 미맘사(Mimamsa) 학파, 니야야(Niyaya) 학파, 요가(Yoga) 학파, 바이세시카(Vaisesika) 학파 중에서 마지막의 바이세시카 학파를 가리킨다.(옮긴이)
5. 5세기경 인도의 불교철학자.(옮긴이)

하여 2개의 극미가 결합하여 2미微가 되고, 그것이 또 다른 2미와 결합하는 등의 순서로 점차 집합하여 마침내 가시적이고 변화하기 쉬운 4대 현상을 띠게 된다고 해석했다.

현대의 물질관과의 비교

이 같은 고대의 물질관이 오늘날의 물리학에 입각한 물질관과 어떤 부분에서 공통점이 있고, 어떤 부분에서 차이점이 있는지를 명확히 살펴보자. 오늘날 물리학에서 극미에 해당하는 것을 들자면 그것은 '소립자'라 할 수 있다. 나아가 구사론에서는 극미가 모여 색·향·맛·촉감의 4진塵을 구성하고, 더 쌓여서 4대가 된다고 하기 때문에 이 4진은 원자 또는 분자에 해당한다고 볼 수 있다.

극미 자신이 이미 단단한 성질·습한 성질·온난한 성질·동적인 성질을 구비하고 있는데, 그 안에서 어떤 성질은 강하고 어떤 성질은 약하다. 따라서 만약 단단한 성질에 강한 극미가 모이면 금속이나 돌 같은 고형물이 되고, 그것이 지계地界를 구성한다고 여겨졌다. 마찬가지로 습한 성질은 수계水界, 온난한 성질은 화계火界, 동적인 성질은 풍계風界에 대응한다고 간주되었다. 이에 반해 오늘날 이른바 소립자 자신이 가지고 있는 것은 질량, 전기량 등이다. 극미가 가지고 있는 단단한 성질·습한 성질·온난한 성질 등이 인간의 감각에 관련되는 것과 비교할 때, 소립자 자신은 직접 감각의 대상이 될 수는 없다. 단, 극미가 가진 하나의 성질인 '동적인 성질'(혹은 현대적인 용어로 말하자면, '운동성')만큼은 소립자 질량의 대소, 즉 관성의 대소와 밀접하게 연관된다고 생각할 수 있다.

이와 비교하면 그리스의 원자론이 현대과학의 관점에 훨씬 가깝게 느껴진다. 그리스의 원자론에서 원자는 위치나 형상이라는 기하학적 성질만을 가지고, 그 밖의 감각적 성질들은 배제되었다. 그러나 이 같은 원자는 19세기 말까지의 물질관과는 잘 일치했지만 오늘날의 물리학에서 말하는 소립자와는 본질적인 차이가 있음을 인정하지 않을 수 없게 되었다. 왜냐하면 오늘날의 소립자에 대해서는 기하학적인 모형을 상상하는 것조차 올바르지 않기 때문이다. 잘 알려진 불확정성의 원리에 의하면 입자가 점하는 위치와 운동 속도를 동시에 정확히 알 수는 없다. 바꿔 말하면 입자의 '위치'라든가 '속도'는 그것이 항상 가지고 있는 이른바 '제1의 성질'이 아니라 오히려 그 각각의 상태 또는 우리들의 시각에 반응하여 나타나는 성질이라고 여겨지게 되었다. 19세기까지의 물질 개념에서는 기하학적 혹은 운동학적 성질이 여타의 성질보다 훨씬 본질적이고 물질에 고유한 것으로 그 우월성이 인정되어 왔지만, 오늘날 그것은 단지 정도의 차이에 불과하다고 생각되고 있다.

고대와 현대의 원자 개념 사이의 큰 차이 중 하나는 영속성에 있다. 예를 들어 인도의 경우 극미는 영구불변한 것이라고 여겨졌다. 마찬가지로 그리스의 원자도 이 점에는 차이가 없었다. 근대 과학에서도 최근까지 '원자'의 불변성이 믿어져 왔지만 오늘날 이른바 소립자는 더 이상 결코 영원한 것이 아니다. 아니 그 안에는 중간자처럼 짧은 시간에 자연스럽게 다른 종류의 소립자로 변해버리는 것도 있다. 그러나 인도에는 물질이 그 본질에서 무상無常한 것이라는 사상, 즉 불교에서 말하는 '제행무상諸行無常'[6]이라는 사상도 있기 때문에 이 점에 대해서는 오늘날의 물리학이 가진 견해와 어떤 공통점을 발견할 수 있다.

인과와 시간의 문제

지금까지 말해온 것처럼 물리학의 주요 과제들 중 하나는 "물

---

6. 모든 만물은 반드시 소멸한다는 불교의 우주론을 일컫는다. (옮긴이)

질이란 무엇인가"라는 문제에 답하는 것이다. 또 하나의 과제는 "자연계에서 일어나는 모든 현상이 어떤 법칙에 의해 지배되고 있는가"라는 질문에 답하는 것이다. 이 두 개의 과제는 서로 밀접하게 연관되어 있어서 고대철학 안에서도 전자의 과제에 대한 해답과 함께 후자의 자연 법칙성에 관해 여러 학설들이 등장했다. 예를 들어 위에서 논한 극미론에서도 그 자체로 항상 불변하는 극미를 움직이거나 결합시키는 원리 또는 원인의 문제가 제기되었다. 즉, 극미와 같은 실체 개념과 그것이 가진 단단한 성질 등의 속성 개념 이외에 그 이합집산을 나타내는 개념(광의의 운동개념)이 중요해진 것이다.

승론파에서는 이것들을 각각 실구의實句義, 덕구의德句義, 업구의業句義라고 불렀다.[7] 그리고 이 파에 의하면 구체적인 현상은 모두 기본적인 제요소의 결합으로 간주되는데, 어떤 결과가 나타나는 것은 재료인 안에 그것이 반드시 내재하기 때문이 아니라 오히려 여러 요소가 집합하는 방법과 관계된다(다시 말해, 재료인인 실체가 업業의 규정을 거쳐 특정의 과果를 발생시킨다)고 생각되는 것이다. 이

---

7. 승론파의 6범주(句義), 즉 실(實), 덕(德), 업(業), 동(同), 이(異), 합(合) 중에서 실, 덕, 업을 가리킨다. 여기서 실은 실체, 덕은 속성, 업은 운동이나 행위로 번역될 수 있다.(옮긴이)

것을 '인중무과론因中無果論'[8]이라 부른다.

이에 대해 수론파數論波[9] 등에서는 모든 사물은 공간에 편재하는 원질로부터 전개되는 것이라고 생각한다. 이런 의미에서 그것은 '인중유과론因中有果論'이라 일컬어진다. 여기서는 극미처럼 항상 변하지 않는 실체가 존재한다는 점을 인정하지 않는다. 이 설은 더욱 발전하여 "실재는 무한하게 많은 속성을 가지기 때문에 어떤 하나의 물物에 관한 모든 술어는 일면적이며, 다른 관점으로부터 보면 그 반대의 술어도 마찬가지로 옳다고 말할 수 있다"는 일종의 '개연론蓋然論'이 되었다. 그런데 이 설은 오늘날의 물리학, 특히 양자역학의 입장과 기묘하게 유사하다. 앞에서 말한 것처럼 오늘날의 물리학에서 다루는 전자와 그 밖의 소립자들에는 입자성이나 파동성 같은 상호 모순적인 속성을 부여하지 않으면 안 된다. 게다가 우리들은 전자에 대한 관측 방법에 따라 상대의 서로 다른 속성이 드러난다고 생각할 수 있다. 이것의 구체적인 내용에 관해서는 이미 여러 차례 언급했기에 여기

---

8. '인중무과론'이란 하나의 결과에는 다양한 원인들이 포함되어 있다는 것을 가리킨다. 이와 반대로 '인중유과론'이란 어떤 결과에는 특정한 원인이 내재되어 있다고 보는 것이다.(옮긴이)

9. 인도의 육파(六派) 철학의 한 갈래로 상키야(Samkhya) 파를 뜻한다.(옮긴이)

　서는 더 이상 거론하지 않기로 한다.(필자의 책《존재의 이법》을 참조)

　또 인과의 문제는 시간의 문제와 분리할 수 없는 관계를 갖고 있는데, 고대 인도에서는 시간 그 자체도 무언가 실체적인 것으로 생각하는 경향이 있었다. 그리고 시간에도 불가분한 최소 단위를 생각하여, 그것을 찰나刹那라고 불렀다. 이것을 오늘날의 시간 단위로 표현하자면 10분의 1초 정도이다. 자연계에서는 그 보다 더 짧은 시간 안에 현저한 변화가 일어난다는 것이 알려져 있을 뿐만 아니라, 시간의 최소 단위가 있는지 없는지에 대해서도 여전히 알 수 없다. 그러나 소립자에 관한 이론이 앞으로 더욱 발전해간다면, 혹시 인도의 옛 사상이 어떤 형태로든 부활하지 않으리라고는 단정할 수 없을 것이다.

(1944년 5월)

에너지의 원천

물질의 구조

물질이란 대체 무엇인가? 그 형태는 정말 다종다양하다. 돌처럼 단단하고 쉽게 형태를 바꾸지 않는 것도 있다. 물처럼 그릇의 형태에 따라 자유롭게 그 모습을 바꾸는 것도 있다. 또는 공기처럼 어느 곳에나 충만하지만, 그 모습을 볼 수 없는 것도 있다. 색깔 또한 천차만별이다. 꽃은 붉고 잎은 녹색이다. 금속은 특유한 광택을 발산하고 유리는 무색이며 투명하다. 자연과 마주하면 우리들은 그곳에 존재하는 물질의 복잡하고 다양함에 놀라지 않을 수 없다.

그러나 언뜻 서로 아무런 관련이 없을 것 같은 두 개의 물질도 자세히 비교해보면, 그 사이에 밀접한 연관이 있다는 것을 알게 되는 경우가 적지 않다. 얼음과 물, 수증기는 그 형태가 매우 다르지만 애당초 동일한 물질이라는 것은 모두가 아는 사실이다. 온도의 높낮이에 의해 하나에서 다른 하나로 그 모습을 변화시키더라도 본체는 바뀌지 않는다고 여겨진다. 그 변화하지 않는 본체는 무엇인가? 우리들은 이것을 '분자'라고 부른다. 물은 그것에 특유한 무수히 많은 분자들의 집합체이다. 분자 하나하나의 길이, 폭 등은 불과 1억분의 1센티미터의 수배 정도에 불과하다. 눈에 보이지 않는 세균의 1만분의 1 정도밖에 되지 않는 미립자이다. 이것은 현미경으로도 볼 수 없다. 그러나 이것이야말로 얼음에서 물로, 물에서 수증기로 상태가 변화하더라도 파괴되지 않고 남아 있는 것이다. 얼음과 물, 물과 수증기의 형태의 차이는 단지 동일한 물 분자가 집합하는 방식의 차이에서 발생한다.

그렇다면 분자의 종류는 대체 얼마나 많은 것일까? 물 분자와 알코올 분자는 전혀 다르다. 같은 투명한 액체라도 그것에는 비중, 점성 등의 차이가 얼마든지 있다. 그것들은 대개 다른 분자들로부터 구성된다. 자연계에 존재하는 분자의 종류는 거의 무진장에 가깝다. 우리들은 그 분자들이 서로 전혀 무관하지 않다는 점을 알고 있다. 물을 전기분해하면 수소와 산소가 발생한다. 이것은 물 분자 자신이 파괴되어 수소 분자와 산소 분자가 만들어졌다는 것을 의미한다. 이런 변화에도 불구하고 그 본질을 유지하고 있는 것은 무엇일까? 우리들은 이것을 '원자'라고 부른다. 수소에는 수소의 원자가 있다. 2개의 수소 원자가 결합하여 수소 분자를 이룬다. 산소도 마찬가지로 그것에 특유한 원자가 있다. 수소 원자 2개와 산소 원자 1개가 결합한 것이 물 분자이다. 지상의 모든 물질은 수소로부터 우라늄에 이르기까지 92종의 원소로 분류할 수 있다. 각각의 원소는 각각 특유한 원자의 집합에 불과하다. 원소로 분류되기 이전의 어중간한 물질은 일반적으로 여러 가지 원소의 혼합물이거나 화합물이다. 화합물은 각각의 고유한 분자로 이루어져 있다.

이렇게 우리들은 모든 물질이 불과 92종에 이르는 원자들의 집합체라는 것을 알았다. 외견상으로 보이는 물질의 다종다양성은 원자들이 결합하는 무수한 방식의 복잡 미묘함으로부터 기인한다고 이해되고 있다. 자연현상을 크게 물리 변화와 화학 변화로 나누어 볼 수 있는 이유도 여기에 있다. 예를 들어 물이 수증기로 변하는 것은 물 분자들 사이의 밀접한 결합이 느슨해진 결과, 각각의 분자가 자유롭게 공중으로 퍼져나가기 때문이라고 이해된다. 즉 물리 변화라는 것은 일반적으로 분자들 간의 결합상태의 변화를 의미한다. 이에 비해 만약 물을 전기분해하면 물 분자의 내부에서 수소 원자와 산소 원자 간의 결합이 파괴되고, 수소 분

자와 산소 분자로의 재구성이 이루어진다. 즉 화학변화는 일반적으로 원자들 상호 간의 이합집산을 의미한다.

이처럼 원자야말로 물질 구성의 최종 단위라고 오랫동안 믿어져왔다. 실제로 원자라는 말 자체가 본래 더 이상 분할할 수 없음을 의미했다.[10] 그런데 근대에 이르러 전기의 본체에 관한 연구가 진행됨에 따라 이 견해는 폐기되지 않을 수 없었다. 예를 들어 물을 전기분해하면 음극에서 수소 가스가 발생한다. 이것은 수소 원자가 음극에 모이기 때문이다. 그러나 모든 원자는 전기적으로 중성이기 때문에 음극 쪽으로 움직이는 것은 원자 자신이 아니라 양전기를 띤 수소 원자, 즉 수소 이온이라고 생각되었다. 그리고 이 이온이 수소 원자보다 더 근원적인 것이라고 여겨지게 된 것이다. 오늘날 우리들은 실제로 수소 이온이야말로 더 이상 분할할 수 없는 입자의 하나라고 생각하여 이것을 '양자'라고 부르고 있다.

그런데 수소 원자 자신은 전기적으로 중성이기 때문에 양자의 양전기를 중화시키는 음전기가 필요하다. 그런데 수소 이온의 무게는 원자와 거의 다르지 않다는 것이 알려져 있다. 따라서 양자

---

10. '원자'란 그리스어 아토모스(atomos) 즉 '쪼갤 수 없는'에서 유래한 말이다.(옮긴이)

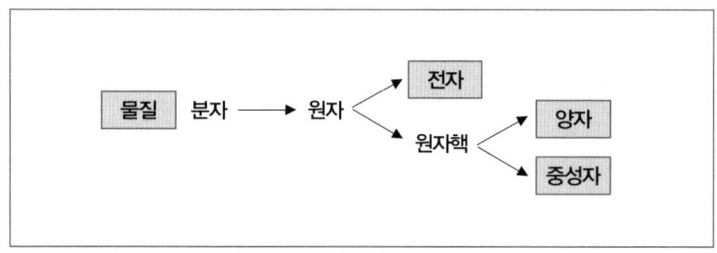

와 같은 크기의 음전기를 띠고, 무게가 양자보다도 훨씬 가벼운 입자가 존재하지 않으면 안 된다. 우리가 오늘날 '전자'라고 부르는 것이 그것이다. 그 무게는 양자의 약 1,840분의 1에 불과하다. 우리들은 전자 또한 쪼갤 수 없는 입자의 일종이라고 생각한다. 전자는 모든 물질 안에 들어 있다. 그리고 모든 원소에 공통된 요소이다. 예를 들어 수소 원자는 한 개의 전자와 한 개의 양자로 이루어진다. 산소 원자에는 여덟 개의 전자가 들어 있다. 이 여덟 개의 전자를 제외한 나머지를 산소의 원자핵이라 부른다. 그것은 양자의 약 열여섯 배의 무게와 여덟 배의 전기를 지니고 있다.

  모든 원소는 각각 특유한 원자로 구성된다고 말했는데, 이것을 더 자세히 살펴보면 원자 안에 포함된 전자의 경우는 모두 공통이지만 '원자핵' 쪽이 다르다. 수소에는 수소의 원자핵이 있다. 이것을 양자라고 부른다. 이것은 더 이상 쪼갤 수 없는 것이라고 여겨진다. 산소에는 산소의 원자핵이 있다. 이것 역시 쪼갤 수 없는 것일까? 오늘날 우리들은 그렇게 생각하지 않는다. 그것은 여덟 개의 양자와 여덟 개의 '중성자'의 집합이라고 믿고 있다. 수소 이외의 원자핵은 모두 양자와 중성자의 집합체라고 생각한다. 중성자란 양자와 같은 정도의 무게를 가지고 전기를 띠지 않는 입자로서, 다음 절에서 설명하는 것처럼 원자핵이 깨질 때 튀어나오는 경우가 있다. 중성자는 더 이상 쪼갤 수 없는 것이라고 생각된다.[11] 이상에서 언급한 것은 56쪽의 표와 같이 정리할 수 있다.

방사선의 본체

앞에서 말한 대로 물질을 분할하면 결국 전자와 원자핵으로 나누어지고, 원자핵은 양자와 중성자로 나누어진다. 이것은 분자나 원자보다 훨씬 작은 것이다. 이것을 구라고 보면 그 직경은 원자 직경의 1만분의 1이나 10만분의 1 정도 밖에 되지 않는다. 그렇게 작은 존재를 어떻게 실증할 수 있을까?

---

11. 유카와가 이 글을 쓴 것은 20세기 중엽이었다는 점을 고려할 필요가 있다. 오늘날 중성자는 더 작은 기본입자인 쿼크에 의해 이루진다는 것이 과학자들 사이에서 일반적으로 받아들여지고 있다. (옮긴이)

우선 전자에 대해 그 과정을 알아보자. 이미 말한 대로 전자는 모든 물질 안에 존재하는데, 대부분의 경우 원자핵과 결합하여 원자를 이루고 있다. 그런데 동이나 철 같은 금속 안에서는 전자의 일부가 원자핵의 속박에서 해방되어 (즉 자유전자가 되어) 자유롭게 돌아다니고 있다고 여겨진다. 그리고 전압을 걸면 철사 속의 무수한 자유전자가 음극에서 양극으로 달려간다. 이것을 전류라고 본다. 이 전자를 금속 밖으로 끄집어낼 수도 있다. 예를 들어 펌프로 유리관 안의 공기를 빼내 고도의 진공 상태를 만들고, 그 안에 삽입해 놓은 전극 사이에 이른바 진공방전을 행하면 음극으로부터 일종의 방사선이 나온다. 이것을 '음극선'이라고 부르는데, 그 정체는 전자와 같다. 역사적으로 보면 음극선의 정체를 연구하다가 거꾸로 전자의 존재가 실증되었다.[12] 또는 라디오의 진공관처럼 금속의 선조線條를 가열하면 이른바 '열전자'가 튀어나오는데, 이것이 진공관 안에서 전류의 원인이 된다.

원자핵은 어떠한가? 진공방전의 경우 전자 이외에 여러 가지 이온이 발생한다. 그 안에서 양이온은 양극에서 음극으로 달려간다.

---

12. 1897년 영국의 물리학자 톰슨(Joseph John Thomson, 1856~1940)이 음극선의 실체를 연구하다가 전자를 발견한 사건을 가리킨다.(옮긴이)

이것을 '양극선'이라고 부른다. 수소의 양극선의 정체는 앞에서 말한 양자와 다름없다. 다른 일반적인 원소의 양이온은 원자핵 그 자체가 아니다. 핵 주변에 여전히 몇 개의 전자가 붙어 있는 것이다. 그러나 그 전자들을 전부 제거하고, 벌거벗은 원자핵을 끄집어내는 것도 결코 불가능하지 않다. 현재 태양 중심의 고온 부분에서는 모든 원소의 핵이 벌거벗은 상태라고 추정된다(74쪽 〈태양의 에너지〉 참조).

앞에서 말한 대로 오늘날에는 원자핵 자체가 양자와 중성자의 집합으로 여겨지지만, 그것들의 결합은 매우 견고하다. 어떤 물리적, 화학적 변화를 거치더라도 원소의 불변성이 유지된다는 것은 각 원소가 가진 원자핵 자체의 고유한 안정성을 명확히 보여준다. 중세 이후의 연금술은 그 견고한 요새를 공략하기 위해 매우 유치한 무기밖에 갖고 있지 못했다. 그런데 근세에 이르러 의외의 현상이 알려졌다. 방사선의 발견이었다. 우리들이 손을 쓸 필요도 없이 자연 스스로가 원자핵의 절대적 안정성을 배반하고 있었던 것이다. 예를 들어 라듐으로 대표되는 일련의 원소는 알파선, 베타선, 감마선 등의 방사선을 방출하고 차례로 하나에서 다른 것으로 변해간다. 이와 같은 원소의 변환은 원자핵 자체의 자연스러운 붕괴에 의한 것이다. 이때 발생하는 방사선 중에서 알파선 자신이 또 원자핵의 일종, 즉 수소 다음의 원소인 헬륨의 원자핵이다.

그런데 역으로 이 알파선이 종래 절대적으로 안정적이라고 여겨져왔던 여러 가지 원자핵을 파괴하는 무기이기도 했다. 예를 들어 이것을 질소의 원자핵과 충돌시키면 산소의 원자핵이 생기고, 그때 높은 속도의 양자가 발생한다. 이 양자가 또 핵을 파괴하는 힘을 가지고 있다. 즉 수소의 양극선을 수십만 볼트의 고전압으로 가속하고, 이것을 수소, 헬륨 다음의 3번째 원소인 리튬에 충돌시키면 그것이 부서져 두 개의 알파입자로 나뉘어진다.

또 이런 경우도 있다. 4번째 원소인 베리륨에 알파선을 쏘아주면 이것이 탄소로 변하는데, 이때 발생하는 방사선의 정체는 전기를 띠지 않는 입자이다. 그리고 그 질량은 양자와 거의 같다. 이것이 앞에서 말했던 중성자로, 모든 원자핵은 중성자와 양자로 이루어진다고 여겨진다.

방사선에는 아직 더 많은 것들이 있다. 방사성 원소로부터 생겨나는 베타선의 정체는 높은 속도의 전자이다. 그런데 방사성 원소는 자연 속에 존재할 뿐만 아니라, 이것을 인공적으로 만들어내는 것도 가능하다. 이른바 '인공 라듐'이다. 이것이 붕괴할 때 베타선을 방출한다. 그러나 같은 베타선이라 하더라도 통상의 전자가 아닌 경우도 있다. 예를 들어 알루미늄핵을 알파선으로 파괴하면 방사선의 인(燐)이 생겨난다. 이것은 곧 통상의 규소핵으로 변하는데, 이때 방출되는 것은 전자와 질량이 같지만 음전기가 아닌 양전기

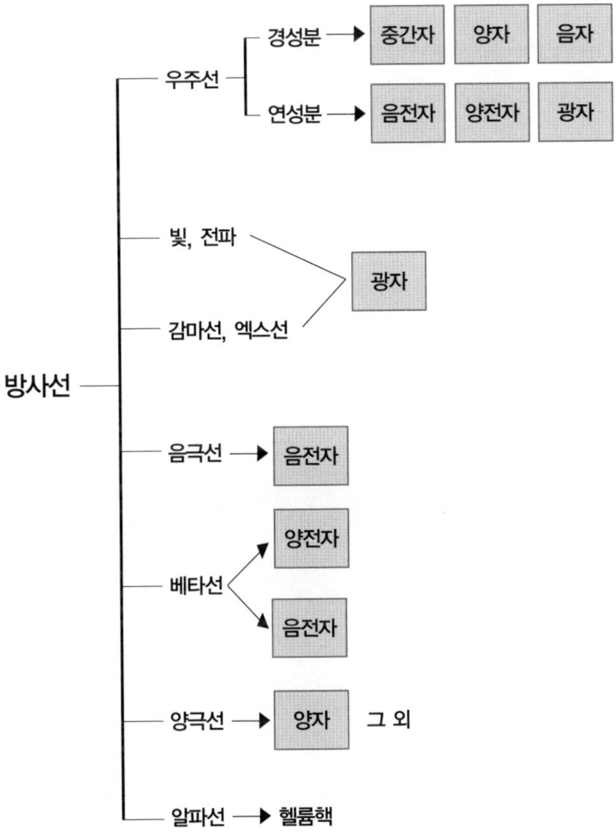

```
                                  ┌─ 경성분 ─→ [중간자] [양자] [음자]
                  ┌─ 우주선 ─┤
                  │               └─ 연성분 ─→ [음전자] [양전자] [광자]
                  │
                  │   ┌─ 빛, 전파 ─┐
                  │   │            ├─→ [광자]
                  │   ├─ 감마선, 엑스선 ─┘
 방사선 ─┤
                  │
                  ├─ 음극선 ─→ [음전자]
                  │
                  │                 ┌─→ [양전자]
                  ├─ 베타선 ─┤
                  │                 └─→ [음전자]
                  │
                  ├─ 양극선 ─→ [양자]   그 외
                  │
                  └─ 알파선 ─→ **헬륨핵**
```

에너지의 원천 — 61

를 띤 입자이다. 우리들은 이것을 '양전자'라고 부른다. 이것과 구별하기 위해 보통의 전자를 '음전자'라고 부른다. 양전자는 물질 안에는 존재하지 않는다. 생겨나더라도 곧 음전자와 함께 사라지면서 감마선으로 변해버린다.

   그런데 감마선은 원래 방사선 원소로부터 생겨나는 방사선의 일종으로 알려져 있다. 그 본체는 빛이나 엑스선과 같은 전자파의 일종이다. 물론 그것은 물질 그 자체와는 직접적인 관계가 없다. 물질과 물질 사이에서 움직이는 전자기적인 작용의 전달자로서 간접적인 관계를 가질 뿐이다.

   이처럼 단지 방사선이라고 해도 그 종류는 여러 가지로 나누어진다. 이것을 하나로 정리하면, 61쪽과 같은 표가 된다. 이중에서 우주선에 대해서는 뒤에 설명하기로 한다.

힘과 에너지

   앞에서 말한 대로 방사선 중에는 물질 자신의 구성요소가 아닌 것도 있다. 예를 들어 감마선은 전자파의 일종이다. 전자파라는 것은 아무것도 없는 공간, 즉 진공조차도 통과할 수 있는 일종의 파도이다. 이 파도에 의해 무엇이 전달될 수 있을까? 그것은 전기력이고 자기력이다. 또는 그것에 의해 전기적 에너지가 전달된다고도 할 수 있다. 원래 힘과 에너지 사이에는 밀접한 관련이 있다. 물체에 힘을 가하면 움직인다. 움직이고 있는 것은 질량 곱하기 속도의 제곱을 반으로 나눈 만큼의 에너지를 갖는다. 이것이 바로 운동에너지이다. 물체를 높은 곳으로 들어올리면 위치에너지가 증가한다. 이것은 중력에 대항하여 일함으로써 얻을 수 있는 에너지이다. 중력 이외의 힘도 에너지를 동반한다. 원자핵과 전자 사이에는 전기적 인력이 작용한다. 따라서 멀리 떨어져 있던 전자가 원자핵에 접근하면 그 둘은 결합한다. 그때 어떤 에너지가 밖으로 방출된다. 그리고 이 에너지를 밖으로부터 공급하는 것에 의해 원자 내의 전자를 비로소 원자핵으로부터 떼어낼 수도 있다. 전자기적인 에너지는 전자파의 형태로 한 장소에서 다른 장소로 전달된다. 일정한 속도로 차례대로 연속해서 전달된다.

그런데 전자파의 일종인 빛이나 엑스선의 성질을 자세히 조사한 결과, 그것들이 가진 에너지는 한없이 분할할 수 있는 것이 아니라 물질 자신처럼 최종적인 단위가 있다는 것을 인정하지 않을 수 없게 되었다. 일정한 파장의 빛에너지는 항상 어떤 단위의 몇 배에 이른다. 끝수가 나타나는 경우는 결코 없다. 이 단위의 에너지를 갖는 것을 '광자'라고 부르는데, 그것은 물질을 구성하는 입자와 매우 닮아 있다.

따라서 처음부터 다시 정리해보면, 전자기적인 힘과 광자 사이에는 밀접한 관련이 있다. 전자와 원자핵 사이에 전기적 힘이 작용한다는 것을 다른 각도에서 보면 전자와 원자핵이 시종일관 광자라는 형태로 에너지를 주고받는다고 해도 좋다. 물론 우리들의 눈에 보이는 세계에서는 힘과 물체가 전혀 다른 개념이지만, 극미의 세계에서는 그 사이의 구별이 매우 애매하다. 그곳에서는 광자와 같이 물체를 주고받는 것과 힘이 움직이고 있는 것은 동일한 사실의 양면을 의미한다.

앞에서 말한 대로 양자와 중성자가 모여 원자핵을 이룰 경우, 거기서 작용하고 있는 힘(즉 '핵력')은 우리들이 지금까지 알고 있던 중력이나 전자력과는 본질적으로 다른 것이라고 생각하지 않을 수 없다. 따라서 이 핵력은 무언가 미지의 입자를 동반해야 한다. 이것이 오늘날 '중간자'라고 부르는 것으로, 그 질량은 전자의 약 200배이고 전자와 같은 크기의 음전기 또는 양전기를 띤다고 추정할 수 있다. 이상에서 말한 힘과 입자와의 관계를 정리하면 다음 페이지의 표와 같다.

중간자는 지상의 물질 안에는 존재하지 않는다. 또 이것을 실험실 안에서 만들어내는 것도 오늘날에는 아직 불가능하다. 그러나 우주선 안에는 이것이 매우 많이 포함되어 있다. 우주선이란 지구 밖으로부터 오는 투과력이 강한 방사선이다. 그중에서 비교적 투

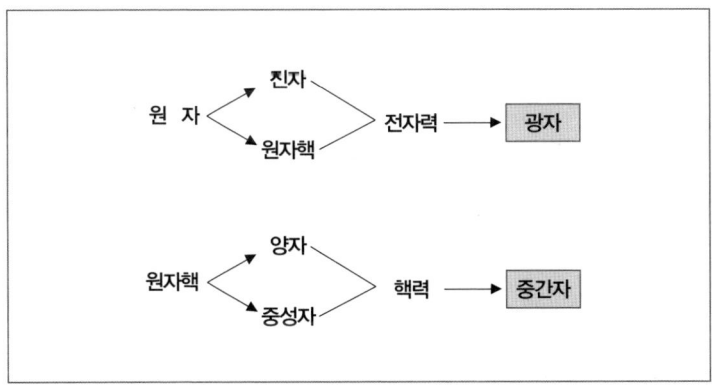

과력이 약한 '연성분軟成分'의 본체는 매우 큰 에너지를 가진 음양 전자 및 광자와 다름없다(61쪽의 표 참조). 이에 비해 훨씬 투과력이 강한 '경성분硬成分'의 대부분은 중간자와 다름 없다. 그렇다면 지구 밖에서 입사해오는 우주선 그 자체, 즉 1차선은 전자나 광자와 같은 연성분은 아닌 것 같다. 또한 중간자도 아니다. 왜냐하면 중간자는 수명이 매우 짧고, 나타나더라도 곧바로 사라져버리기 때문이다. 오늘날 1차선의 본체는 양자라고 추정되는데 확실한 것은 알 수 없다. 만약 이 가설이 옳다면 전자나 광자, 중간자도 이 1차선이 대기 중에서 만들어낸 2차선이지 않으면 안 된다.

  이상으로 물질이나 방사선, 힘은 모두 공통적인 몇 종류의 최종적 단위로 구성된다는 사실을 알았다. 이 같은 단위, 즉 그 이상 분할할 수 없는 입자를 총칭하여 '소립자'라고 부른다(앞의 3개의 표 중에 ■로 표시한 것은 모두 소립자로 여겨지고 있다). 그리고 모든 자연현상은 결국 몇 종류의 소립자들 사이의 상호작용에 의해 발생한다고 생각된다. 이로써 소립자의 연구가 오늘날 물리학의 가장 근본적인 문제가 된 것이다.

원자 내의 에너지

오늘날 우리는 여러 가지 형태의 에너지를 사용하고 있다. 그러나 그것들이 발생하는 원인으로 거슬러 올라가보면, 거의 모두가 태양에너지에 도달한다. 석탄이나 석유를 태워 그 열을 동력으로 바꾸는 것이 가능하다. 이것은 곧 오래 전 지질시대에 식물의 동화작용으로 생성된 탄소화합물의 화학적 에너지를 이용하는 것과 다름없다. 그런데 이 동화작용은 태양 빛에 의한 에너지의 공급이 없다면 일어나지 않았을 것이다. 수력으로 전기적 에너지를 발생시키는 경우도 에너지의 원천은 역시 태양에 있다. 해수의 표면이 태양에 의해 데워져 수증기를 발생시킨다. 그것이 곧 비가 되어 육지의 높은 지대에 떨어진다. 이것은 태양열에너지의 일부가 위치에너지로 전환한 것을 의미한다. 물이 다시 원래의 바다로 돌아가는 도중에 위치에너지의 일부를 전기적 에너지로 이용하는 것이 수력발전이다.

이렇게 볼 때, 우리들은 아주 다양한 형태로 태양에너지를 이용하고 있지만 아직 충분하다고는 볼 수 없다. 예를 들어 태풍의 에너지 같은 것도 그 근원을 파헤치면 역시 태양열이지만 이것은 우리들의 삶에 갖가지 재앙을 가져다줄 뿐, 그 에너지를 이용하기란 쉽지 않다. 또한 지상의 에너지 안에는 태양과 직접적인 관계가 없는 것도 있다. 예를 들어 썰물과 밀물의 에너지는 주로 달의 인력에 의한 것이라는 점은 말할 것도 없다. 또 지진의 에너지도 그 원천은 지구의 내부에 있는 것으로, 태양과의 사이에 직접적인 관계는 없다.

그러나 어찌 되었든 현재 우리들이 이용하고 있는 에너지의 대부분이 태양으로부터 발생한다는 점에는 변함이 없다. 게다가 그것은 태양이 지구에 공급하는 총 에너지에 비하면 매우 작은 부분에 불과하다. 나아가 태양이 끊임없이 주변 공간에 방출하는 에너지의 총량에서 보자면 그것은 극히 일부에 지나지 않는다. 그런데 태양 자신은 이처럼 대량의 에너지를 잃어가면서도 수억 년간 그 빛을 유지해왔다. 그렇다면 태양 자신이 가진 에너지의 원천은 무엇일까? 그것은 우리가 사는 지구상에 존재하지 않는 종류의 에너지일까? 아니면 물리학에서 이미 거론되고 있는 여러 가지 에너지 중의 하나일까? 이것은 천문학에서 오랫동안 풀리지 않는 수수께끼였다. 그런데 최근 물리학의 진보로 이 문제가 뜻밖의 해답을 얻게 되었다. 그간 얻게 된 성과를 명확히 하기 위해서 우리들은 먼저 광대무변한 우주로부터 눈을 돌려, 거꾸로 우리들의 육안에는 보이지 않는 매우 작은 원자의 세계로 향하지 않으면 안 된다.

이미 말한 대로 우리들은 모든 물질이 무수한 원자로 구성되어 있음을 알고 있다. 지상에 존재하는 92종류의 원소가 각각 다른 종류의 원자로 구성되어 있다는 것도 잘 알고 있다. 몇 개의 원자가 모여 분자를 만들 때 에너지가 발생한다. 이것은 화학결합에너지이다. 탄소 원자가 두 개의 산소 원자와 결합하여 탄산가스 분자를 만드는 경우에 발생하는 에너지, 이것이 바로 목탄이나 석탄이 연소될 때 발생하는 에너지의 원천이라는 점은 말할 것도 없다. 오랜 옛날에 태양은 타고 있는 불의 구라고 여겨졌다. 태양의 연소 시에 발생하는 열은 실로 지상에 존재하는 가장 유력한 에너지원들 중 하나이다. 그러나 태양이 전부 탄炭이라고 보고 그 빛이 연소에 의한 것이라고 한다면, 태양은 수천 년 안에 모두 다 타 없어져버렸어야 했다. 우리들은 태양에너지의 원천을 원자가 결합하여 분자를 형성하는 과정보다 더 깊이, 즉 개개의 원자 자신으로부터 구하지 않으면 안 된다. 일찍이 태양에너지의 원천은 만유인력에 있다고 생각하던 시절도 있었다. 즉 태양이 성운과 같은 희박한 상태로부터 점점 수축해가는 사이에 잃어버린 만유인력의 에너지가 복사에너지로 변한다는 것이다. 그러나 이 종류의 에너지도 태양의 현존하는 빛을 감당하기에는 너무나 적다.

    그렇다면 원자 내부에는 어떤 에너지가 축적되어 있을까? 처음에 말했던 대로 오늘날에는 원자를 더 이상 쪼갤 수 없다고 생각하지 않는다. 그것은 몇 개의 전자와 한 개의 원자핵으로 분해된다. 그중에 거의 모든 물리적, 화학적 현상에서 항상 주요한 역할을 담당하는 것은 전자이다. 그러나 92종에 이르는 원소의 종을 결정하는 근원은 오히려 원자핵에 있다. 원자가 원소에 따라 다르다는 것은 결국 원자핵이 다르다는 것을 의미한다. 원자핵의 무엇이 다른가 하면, 우선 첫째로 그것이 가지고 있는 전기의 양이 다르다. 전자는 모두 동일한 크기의 마이너스 전기를 띠는데, 그것들 몇 개가 원자핵 주위에 있어서 전체적으로 중성의 원자가 된다. 따라서 원자핵 자신은 플러스 전기(전자가 가진 전기량의 정수배의 전기)를 가지고 있을 것이다. 이 정수가 이른바 원자번호인데 이것에 의해 원소의 종류가 정해진다. 다음으로 전자는 매우 가볍기 때문에 원자 무게의 거의 전부가 원자핵에 집중되어 있다. 그런데 같은 전기량을 가진 원자핵이면서도 무게가 다른 것이 있다. 그것들의 원자핵을 포함한 원자의 원자번호는 같기 때문에 통상의 물리적 내지 화학적 변화에 의해서는 분리되지 않고 동일한 원소로 혼합해버린다. 그러나 원자나 원자핵의 무게에 따라 원소를 나누는 특별한 절차(예를 들어 질량분석기 등에 의한 정밀한 분석)를 행하면 그것들은 동위원소로 분리할 수 있다. 통상 산소 원자의 무게를 16으로 하면 다른 모든 원자의 무게는 모두 정수에 가까운 값을 가진다. 이 정수를 질량수라고 부른다. 예를 들어 산소에는 질량수가 16인 것 이외에 17인 것과 18인 것이 소량 포함되어 있다. 즉 3종류의 동위원소의 혼합물이다. 이처럼 원자핵의 종류는 화학에서 말하는 원소의 종류보다 훨씬 많아진다. 그것들은 원자번호와 질량수에 의해 분류된다. 원자핵을 나타내는 기호로서는 원소기호의 왼쪽 밑에 원자번호, 왼쪽 위에 질량수를 붙인 것을 사용하는 것이 보통이다. 예를 들어 통상 산소핵은 $^{16}_{8}O$라고 쓴다. 그러나 이처럼 원자핵에 대해 자세히 말하게 되면 끝이 없다. 우리들이 당면한 문제는 이 같은 원자핵 안에 어떤 에너지가 축적되어 있는가 또 어떻게 하면 그것을 끄집어낼 수 있는가 하는 점이다.

    방사능이라는 현상이 있다. 이것은 라듐 등 방사성 원소를 구성하는 원자핵이 불안정하여 여러 가지 방사선을 방출하면서 다른 종류의 원자핵으로 변해가는 현상이다. 이 경우에 방출되는 방사선 하나하나(예를 들어 알파선 하나하나는 알파 입자라고 불리는데, 그것은 다름 아닌 헬륨의 원자핵이다. 앞의 기호를 사용하면 $^{4}_{2}He$이다)가

수백만 볼트 정도의 에너지를 가지고 있다. 통상의 기계적 에너지를 표현하는 단위와 비교해보면, 백만 볼트는 백만분의 1.6에르그$_{erg}$[13]에 지나지 않기 때문에, 그 자신으로 보면 매우 작은 것이다. 그러나 원자핵이라는 매우 미세한 물체 안에 이 정도의 에너지가 들어 있다는 것은 좀처럼 무시할 수 없는 것이다. 예를 들어 1그램의 라듐이 완전히 연(납, 鉛)으로 변해버릴 때까지 방출하는 에너지는 0.5톤의 석탄을 연소시킬 때 얻을 수 있는 열량과 같다.

이처럼 원자 내부에는 막대한 에너지가 들어 있지만, 문제는 이것을 어떻게 끄집어낼 수 있는가 하는 점이다. 방사성 물질 등은 우리가 손을 쓰지 않아도 저절로 에너지를 방출하지만, 유감스럽게도 그 분량이 너무나 적다. 라듐을 몇 백 그램 모은다는 것은 도저히 불가능하다. 어쩔 수 없이 우리 주변에 대량으로 있는 물질 안의 원자핵을 대상으로 삼지 않으면 안 된다. 그것은 안정적인 것, 어떤 화학 변화와 만나더라도 변화하지 않는 것이다. 그렇지만 우리들은 이것을 강제로라도 파괴시켜 그 안에 있는 에너지를 해방시킬 수밖에 없다.

---

13. 1에르그란 1다인(dyne)의 힘이 물체에 작용하여 그 힘이 작용하는 방향으로 물체를 1센티미터 만큼 움직이게 하는 에너지이다.(옮긴이)

화학적으로 안정적인 원자핵의 파괴, 그것은 원소의 변환을 의미한다. 그것은 중세시대 연금술의 근대적 재현이다. 러더퍼드 Ernest Rutherford, 1871~1937가 실제로 그 목적을 달성한 것은 지금으로부터 약 20년 전이다. 방사성 물질로부터 나오는 알파 입자가 질소의 원자핵과 충돌하여 그것을 파괴시키고, 질량수 17인 산소의 원자핵으로 변한 것을 확인한 것이다. 이 과정을 기호로 나타내보면, 다음과 같다.

$$^{14}_{7}N + ^{4}_{2}He \rightarrow ^{17}_{8}O + ^{1}_{1}H \qquad (1)$$

단, $^{1}_{1}H$ 는 통상의 수소 핵(즉 양자)을 나타낸다. 나아가 이 같은 천연의 방사성 물질로부터 나오는 알파 입자 등을 사용하지 않고, 순수하게 인공적인 방법으로 원소를 변환시키는 데 성공한 것은 지금으로부터 약 10년 전이었다. 이 경우 고전압을 걸어 빠른 속도로 만든 수소의 핵, 즉 양자가 사용되었다. 그리고 최초로 파괴되었던 것은 헬륨 다음으로 가벼운 원소인 리튬이었다. 그것은 아래와 같은 반응에 의해 두 개의 알파 입자로 분열된 것이다.

$$^{7}_{3}Li + ^{1}_{1}H \rightarrow ^{4}_{2}He + ^{4}_{2}He \qquad (2)$$

게다가 이 반응은 수만 볼트라는 비교적 낮은 전압에서 예외없이 일어난다. 이 성공으로 인한 자극으로 원소 변환에 관한 각종 실험이 왕성하게 행해졌다. 많은 새로운 결과가 얻어짐과 동시에 여러 가지 실험장치가 고안되었다. 그중에서도 사이클로트론 cyclotron[14]은 오늘날 가장 유력한 것으로 알려져 있다.

한편, 이렇게 우리들은 원소의 변환에 성공했는데, 그것은 곧 원자핵에 축적되어 있는 에너지의 적어도 일부를 해방시킬 수 있다는 것을 의미한다. 예를 들어 앞에서 말한 것처럼 양자의 충돌에 의해 리튬이 분열할 때 10만분의 2.8에르그라는 큰 에너지가 발생한다. 즉 두 개의 알파입자는 각각 이 절반의 운동에너지를 가지고 반대방향으로 튀어나간다는 것이다. 따라서 만약 1그램의 리튬이 전부 헬륨으로 변한다면 총계 10억 에르그의 25억 배에 이르는 막대한 에너지를 얻을 수 있다. 이것은 탄소 약 10톤을 태워서 얻는 에너지와 비슷하다.

그러나 이 에너지를 실용화시키는 것은 현재의 우리들에게 거의 불가능한 일이다. 왜냐하면 전압을 걸어 높은 속도로 가속시킨

---

14. 베타트론(betatron), 싱크로트론(synchrotron) 등과 같은 입자가속기의 일종을 가리킨다.(옮긴이)

양자들 중에서 정확하게 리튬핵과 충돌하여 그것을 파괴시키는 것은 극히 소량에 불과하기 때문이다. 다른 거의 전부는 쓸모없이 에너지를 잃어버린다. 따라서 아무리 많은 양자를 가속시키더라도, 1그램은 말할 것도 없고, 1만분의 1그램의 리튬을 파괴하는 것조차도 쉽지 않다. 우리들은 원자핵 안에 틀림없이 많은 에너지가 축적되어 있다는 것을 알았다. 그리고 그것을 꺼내는 데도 이론적으로는 분명히 성공하고 있다. 그러나 이것을 실용화하기까지는 몇 가지 큰 난관을 넘어서지 않으면 안 된다.

태양의 에너지

창공에 빛나는 무수한 항성(태양도 그 일원임은 물론이다)의 내부에서는 원소의 변환이 대규모로 끝없이 일어나고 있다. 태양의 표면 온도는 약 6,000도이다. 이것만으로도 엄청난 고온이다. 그러나 내부로 들어가보면 온도는 더욱 높아진다. 태양의 중심은 약 2,000만 도라고 추정되고 있다. 이 같은 고온에서 물질은 모두 이온화상태로 존재한다. 바꿔 말하면 모든 원자는 원자핵과 전자로 분해되어버린다. 그리고 그것들의 대전입자가 매우 큰 속도로 흩어져 돌아다닌다. 그런데 태양은 상당히 많은 양의 수소를 보유하고 있다. 따라서 다수의 수소핵, 즉 양자가 빠르게 돌고 있는 셈이다. 이것들이 가벼운 원자핵과 충돌하여 그것을 파괴하는 경우가 드물게라도 일어날 것이다. 예를 들어, 태양의 중심 부근에 리튬이 상당량 존재한다면, (2)의 반응에 의해 헬륨핵 두 개로 변화하는 경우가 발생한다. 그때 발생하는 에너지가 태양 빛과 열의 원천이 된다.

이 같은 상상이 결코 틀린 것은 아니다. 사실 태양 이외의 특수한 항성(이른바 적색 거성)에 대해서는 이 생각이 타당할지 모른다. 그러나 태양의 경우는 2,000만 도라는 고온 때문에 이 반응은 오히려 지나칠 정도로 격렬하게 일어난다. 이 때문에 태양 전체가 일순간 폭발해버린다. 실제로 태양이 무사하게 빛나고 있는 것으로 볼 때, 우리들은 거꾸로 그 안에 리튬과 같이 가벼운 원소가 아주 조금밖에 포함되어 있지 않다고 추정하는 것이 더 합리적이다.

그렇다면 2,000만 도라는 고온에서의 반응이 적당히 알맞은 (태양 빛과 열을 보유하는 데 적당히 좋은) 속도로 일어나기 위해서는 그것이 어떤 종류의 반응이어야 할까? 오늘날 원소 변환에 관한 풍부한 실험적, 이론적 지식을 동원한 결과, 다음과 같은 반응이 거의 유일하게 가능한 경우로 선별된다. 지금 태양 안에 탄소가 상당량 있다고 하자. 이것이 양자와 충돌하면 아래와 같은 반응에 의해 우선 질량수 13이라는 질소핵이 나온다.

$$^{12}_{6}C + ^{1}_{1}H \rightarrow ^{13}_{7}N + \gamma \qquad (3)$$

이때 여분의 에너지는 감마선(γ)의 형태로 방출된다. 그런데 $^{13}_{7}N$ 이라는 핵은 불안정하기 때문에 스스로 다음과 같은 분열 과정을 통해 탄소의 동위원소 ($^{13}_{6}C$)로 변화한다.

$$^{13}_{7}N \rightarrow ^{13}_{6}C + e^+ \qquad (4)$$

이때 양전자 e^+를 방출하는데, 이 탄소에 양자가 충돌하면 다음과 같은 반응이 일어난다.

$$^{13}_{6}C + ^{1}_{1}H \rightarrow ^{14}_{7}N + \gamma \qquad (5)$$

이때 생겨난 질소핵은 또 다시 아래의 반응에 의해 산소의 동위원소 ($^{15}_{8}O$)를 생성시킨다.

$$^{14}_{7}N + ^{1}_{1}H \rightarrow ^{15}_{8}O + \gamma \qquad (6)$$

이 산소핵이 또 불안정하여 다음과 같이 분열한다.

$$^{15}_{8}O \rightarrow ^{15}_{7}N + e^+ \qquad (7)$$

최후에 생긴 질소에 다시 양자가 충돌하면, 다음의 과정을 통해 탄소핵($^{12}_{6}C$)이 재생된다.

$$^{15}_{7}N + ^{1}_{1}H \rightarrow ^{12}_{6}C + ^{4}_{2}He \qquad (8)$$

이처럼 (3)에서 (8)까지의 반응을 한바퀴 순환하는 사이에 수소가 마침내 헬륨으로 변하고, 그것과 동반하여 대량의 에너지가 감마선이나 양전자의 형태로 방출된다. 이것이 태양으로부터 나오는 에너지의 원천이라고 생각하면, 실제와 매우 잘 일치한다.

 이 경우 처음에 있었던 탄소(또는 도중에 있는 질소)는 반응이 일순하는 사이에 회수되기 때문에 조금도 감소하지 않는다. 감소하는 것은 수소이다. 이런 의미에서 태양은 이른바 수소를 연료로 하고 탄소(또는 질소)를 촉매로 하여 2,000만 도라는 고온으로 운전하는 일종의 열기관이라고 볼 수 있다.

 이렇게 생각하면 이 지상에서는 매우 진귀한 현상인 원소의 변환 즉, 중세시대로부터의 오랜 꿈이었으며 근년에 이르러 마침내 실현된 연금술은 별의 세계에서는 일상적으로 일어나는 셈이다. 아니 우리들이 매일 매일 혜택을 받고 있는 태양 빛과 열의 원천,

그것은 실로 원자 내의 에너지였다. 태양의 중심은 엄청난 고온 상태이다. 이것을 지상에서 그대로 재현하는 일은 애당초 곤란하다. 그러나 무언가의 궁리를 통해 원자 내에 축적된 막대한 에너지를 해방시키는 것이 더 이상 불가능하다고는 말할 수 없다. 예를 들어 우리들은 우라늄의 분열 현상과 같은 것 안에서 이 문제의 해결에 이르는 하나의 실마리를 발견할 수 있다. 만약 10킬로그램의 우라늄이 연쇄반응에 의해 전부 분열했다면 이때 발생하는 에너지는 약 1,000억 에르그의 1,000억 배가 된다. 이것은 화산 분화의 에너지와 견줄 만하다.

마지막으로 말해두고 싶은 것은 위에서 언급한 것처럼 원소의 변환에 동반하여 발생하는 에너지는 막대하지만 그것이 결코 물질이 가지고 있는 에너지의 전부는 아니라는 점이다. 오히려 그것은 물질에 내재하는 에너지의 일부에 지나지 않는다. 왜냐하면 상대성이론에 따르면 물질은 반드시 그 질량에 비례하는 고유 에너지를 가진다. 예를 들어 물질 1그램의 고유 에너지는 300억 에르그의 300억 배이다.

이것은 원소 변환에 동반하는 에너지와 비교하거나 또는 다른 여러 종류의 에너지와 비교하더라도 실로 막대한 것이다. 예를 들어 지진은 매우 큰 파괴력을 가지고 있기 때문에 그것이 동반하는 에너지도 클 것으로 예상된다. 그러나 현재까지 일어난 지진 중에서 가장 큰 규모의 에너지라도 1,000억 에르그의 1,000억 배의 1,000배를 넘지 않는다. 츠보이 츄우지坪井忠二, 1902~1982[15] 박사에 의하면 이것은 두께가 50킬로미터이고 150킬로미터 사방의 지층 안에 저장할 수 있는 최대의 탄성에너지에 해당한다. 그런데 이것은 겨우 물질 10킬로그램의 고유 에너지와 비슷한 정도이다. 다시 말해서 10킬로그램의 물질을 전부 에너지로 바꿀 수 있다면 대지진 정도의 에너지를 얻을 수 있다는 이야기가 된다. 그러나 유감스럽게도 현재 우리들은 어떻게 하면 물질의 질량을 전부 에너지로 바꿀 수 있는가에 대해서는 아무것도 아는 바가 없다. 원소 변환의 실험에서도 이 문제는 현재까지 전혀 다뤄지지 않고 있다.

(1942년 9월)

---

15. 일본의 지구물리학자이다. 도쿄대 교수로 재직했고, 지진이나 지구물리에 관한 다수의 책들을 남겼다.(옮긴이)

✤ 61쪽에 있는 표에서 최후의 '음자'란 양자와 질량이 같고 음전기를 띤 입자를 가리킨다. 오래전부터 그 존재가 예상되었는데, 아주 최근에 소련의 물리학자가 우주선 안에서 그것을 발견했다고 알려져 있다.

(1945년 12월)

물질과 정신

두 개의 통로

물질이란 무엇인가? 자연과학, 그중에서도 근대 물리학은 이 질문에 최종적인 답을 주기 위해 혼신의 힘을 기울여왔다. 지금은 원자핵·우주선·소립자로 나아가면서 한발 한발 이 목표에 접근하고 있다는 느낌이 강하다.

이것과 비교하여 "정신이란 무엇인가?"라는 질문에 대해서는 현재의 자연과학에서 정확한 답을 기대하기란 곤란한 상태에 있다. "정신이란 무엇인가?"라는 문제 제기 자체가 이미 과학과 관련이 먼 이야기일지도 모른다. 그런데 "물질과 정신은 어떻게 관계하고 있는가?"라고 질문한다면 그다지 자신 있는 대답이 불가능하더라도 과학에는 더 가깝게 느껴진다. 정신 자체가 무엇인지를 모르는데 그것과 물질과의 관계를 알 수 있다는 것은 앞뒤가 맞지 않을지도 모른다. 하지만 자연과학이라는 것은 원래 실체보다도 상호관계에 대한 지식을 의미한다. "물질이란 무엇인가?"라는 질문에 대해서도 직접 그 실체를 표현하는 대신에 다양한 자연현상들 간에 어떠한 일반적 관계가 존재하는지를 명확히 한다면 그것으로 하나의 해답이 될 것으로 생각된다.

원자나 전자 또는 소립자라는 개념도 단순히 실체를 가리키기 위해서뿐만 아니라 여러 현상을 통일적으로 기술하기 위해 도입한 기호적인 의미를 나타내는 것이다.[16] 물질이 다수의 소립자로 구성되어 있다 하더라도 소립자 자체는 물질이라 하기에는 매우 추상적인 존재이다. 그것은 색도 향도 가지고 있지 않다. 단단하지도 부드럽지도 않다. 그뿐만이 아니라 크기와 형태에 대해 말하는 것조차도 무의미하다. 그것은 어떤 의미에서 시간 공간적인 존재라고 할 수 있다. 그러나 그것은 반드시 소립자의 순간 순간에 대한 위치를 추적할 수 있다는 것을 의미하지 않는다.

---

16. Heisenberg, *Wandlungen in den Grundlagen der Natur-wissenschaften* (1936).

"정신이란 무엇인가?"라는 질문에 답해야 할 직접적인 책임자는 철학일 것이다. "물질이란 무엇인가?"라는 질문에 대해서도 철학은 스스로의 답을 가지고 있을지 모른다. 정신과 물질의 연관이라는 문제 등도 철학에 맡겨두면 된다고 말할 수 있을지 모른다. 그것은 과학이 관여해야 할 부분이 아닐지 모른다. 하지만 길은 하나가 아니다. 이른바 물질에서 정신에 이르는 통로와 정신에서 물질에 이르는 통로가 있을 수 있다는 이야기이다.

물질로부터 정신으로의 길, 이것이 현재 자연과학이 추적하고 있는 길이다. 이것은 실로 먼 길이다. 언제쯤에나 완전히 통하게 될지 모른다. 물질의 측면에서는 물리학과 화학이, 정신의 측면에서는 심리학이 그리고 그 가운데 생물학과 생리학이 각각의 길을 개척했다. 그러나 그 중간에는 아직도 미지의 광대한 황야가 있다. 우리들은 더 많은 실증적인 사실을 축적하지 않으면 안 된다. 그리고 그 밑을 관통하는 법칙을 발견하지 않으면 안된다. 우리들이 추구하는 것은 객관적인 (따라서 또 상대적이고 개념적이지 않을 수 없는) 지식이다.

정신에서 물질에 이르는 길, 그것은 더 직접적일 수 있을지 모른다. 철학은 그 길 위에 서 있다고 말할 수 있을지 모른다. 그것은 통로라고 하기에는 아마 너무나 짧은 길일 것이다. 그것은 정신과 물질 사이의 보다 직접적인 연결을 의미할 것이다. 아니 거기에는 이미 정신과 물질이 표리일체를 이루고 있을지도 모른다. 그것은 어떤 절대적이고 직관적인 지식을 의미할 것이다. 그것이야말로 진정한 지식일지도 모른다. 아니 그것은 단순한 지식 이상의 것, 인격적 행위와 직접 연결되어 있는 것일지도 모른다. 나는 그것을 무엇이라고 불러야 할지 모른다. 또 그것은 나와 같은 문외한이 논할 수 있을 정도의 것이 아닐지도 모른다.

그러면 이 두 개의 통로가 있을 수 있다는 것을 인정했다고 하자. 그러나 나는 그 양쪽의 어디에 대해서도 충분한 지식을 가지고 있지 않다. 특히 철학의 길에 관해서는 완전히 문외한이다. 과학의 길에 대해서도 생물학이나 생리학, 심리학이라면 완전히 문외한이다. 내가 지금 할 수 있는 일은 겨우 현대 물리학이라는 빛에 의해 그 두 개의 길을 비춰보는 것이다. 그것은 아마도 내 가까운 곳의 매우 좁은 범위밖에 밝힐 수 없는 희미한 빛일 것이다. 이 어두운 빛 아래서 당치도 않는 착각을 하게 될지도 모른다. 하지만 아무튼 시도해보기로 하자.

물리학적 세계

과학의 진보는 예상 외의 사실에 직면하면 일단 정지하지 않을 수 없게 된다. 그러나 그것은 마침내 인간의 사고 방법에 대한 새로운 가능성을 촉신시켜 과학의 특이한 비약을 추동하는 것이 보통이다. 현대 물리학은 이미 몇 번인가 그런 종류의 비약을 거쳐 이른바 고전 물리학으로부터 멀어져 버렸다. 그간의 경위에 대해서는 여러 차례 논했기 때문에[17] 상세한 것은 생략하고 지금부터의 고찰에 필요한 점만을 기록해두자.

가장 상식적인 의미에서 우리들이 외계라고 부르고 있는 것은 각자의 심리적 세계로부터 추출된, 각자에게 공통된 세계라고 생각할 수 있다. 그것은 3차원의 유클리드 공간으로, 물체는 그 안에서 유일무이한 시간의 흐름에 따라 운동한다. 그 운동에는 충분한 근사치를 가지고 뉴턴 역학이 적용된다. 이 같은 이른바 '고전 물리학적 세계'는 수학 혹은 물리학에 대해 어느 정도의 지식을 가진 사람에게는 매우 자연스럽게 받아들여질 수 있었다. 그리고 자연현상을 정확하게 기술하려고 할 때, 우리들은 거의 무의식적으로 사물을 이 세계에 투영해왔다. 이처럼 절대적인, 그리고 엄밀한 인과율이 성립하는 세계가 (적어도 물질현상에 관한 한) 유일무이의 객관적 세계라고 여겨져 왔다.

---

17. 《최근의 물질관》(도쿄: 코분도, 1939), 《극미의 세계》(도쿄: 이와나미 쇼텐, 1942), 《존재의 이법》(도쿄: 이와나미 쇼텐, 1943) 등을 참조할 것.

그런데 상대성이론에 의해 시간과 공간의 상대성이 제시됨으로써 고전 물리학적 세계는 그 절대성을 잃어버리고, 시공을 통일하는 4차원적 세계에 그 자리를 양보하지 않으면 안 되었다. 그러나 우리들이 일상적으로 경험하는 범위 내의 사물에 관한 한, 그것을 고전 물리학적 세계에 투영함으로써 충분히 정확하게 기술할 수 있다는 데에는 변함이 없었다. 양자역학의 발달은 더욱 본질적인 변혁을 야기시켰다. 자연현상을 거시적 현상과 미시적 현상[18]으로 크게 나눈다면 종래의 고전이론에 의해 취급할 수 있는 것은 거시적 현상뿐이고, 양자역학에 의해 처음으로 거시적일 뿐만 아니라 미시적인 현상을 지배하는 법칙성이 명확해진 것이다. 이 점을 좀 더 자세히 고찰해보기로 하자.

양자역학의 대상이 되는 전자나 광자라고 하는 것은 고전 물리학에서의 물질과는 본질적으로 다르다. 그것은 결코 어떤 형태를 가지고 공간을 운동하는 입자(예를 들어 티끌 하나하나)를 그대로 축

---

18. 현상이 '미시적'이라는 것은 그것이 물질을 구성하는 원자나 분자 하나하나, 또는 빛을 구성하는 광자 하나하나의 움직임과 직접 관련이 있다는 것을 의미한다. 이와 반대로 우리들이 일상적으로 경험하는 여러 현상의 많은 것들에는 매우 다수의 원자 전체로서의 어떤 평균적 행동만이 영향을 미치고 있다. 그런 경우에 '거시적'이라고 칭한다. 물론 양측의 구별은 애매하기 때문에 종종 중간적 단계가 생각되는데 이것에 대해서는 나중에 말할 기회가 있을 것이다.

소한 것과 같은 것이 아니다. 예를 들어 전자가 어떤 순간에 점하고 있는 위치 또는 어떤 순간에 달려가고 있는 속도에 대해서 말하는 것은 가능하다. 그러나 그것을 동시에 말하는 것은 불가능하다. 한쪽을 결정하려고 하는 실험은 반드시 다른 한쪽을 결정하려는 실험을 방해하기 때문이다. 전자와 같은 미시적 대상에 대해 어떤 양을 측정하려는 시도는 일반적으로 대상의 상태에 현저한 변화를 일으킨다. 미시적 현상의 자연적인 (즉 다른 것과 격리되어 그 자신으로서의) 추이는 '관측'에 의해 중단되고 마는 것이다.[19] 미시적 현상에 대한 관측 사실 상호 간에는 일반적으로 인과적이고 필연적인 관련이 존재할 수 없다는 것도 관측 자체의 이 같은 성질에 기반한다.

이것을 거꾸로 거슬러 올라가보면 다음과 같이 말할 수도 있다.

---

19. 우리들이 관측적 사실이라고 부르는 것은 본래 어떤 거시적 현상을 의미하고 있다. 전자의 위치를 측정하는 것은 현미경과 같은 확대장치에 의해 눈에 보이는 상을 만드는 것에 지나지 않는다. 전자 등에 관해 물리량을 측정하는 것은 실은 미시적 현상을 거시적 현상으로 바꾸는 절차에 불과하다. 미시적 현상 자체는 그것을 보려고 하는 것에 의해 그 자연적 경과가 중단되는 것과 같았는데, 그것이 거시적 현상에까지 적용되면 더 이상 그것을 보는 것과 보지 않는 것 사이에 아무런 차이도 없는 관측사실이 된다. 여기에 처음으로 '관측'이라는 조작이 완결된다고 생각된다.

우리들의 관측 대상, 즉 사실의 세계라고도 할 수 있는 것은 어디까지나 거시적 세계(즉 광의의 고전 물리학적 세계)이다. 그런데 이것은 결코 그 자체로 완결된 세계가 아니라 (많은 미시적 현상들의 어떤 평균적 결과의 표출이라는 의미에서) 보다 광대한 양자역학적 세계에 의해 뒷받침된다고 생각하지 않을 수 없다. 우리에게 전자는 이른바 전경前景이고 후자는 배경背景이다. 그러나 자연의 궁극적인 법칙성은 양자역학적으로만 표현할 수 있다는 의미에서 물질 자신에게는 후자가 오히려 보다 직접적인 세계이고, 관측의 절차를 거쳐 간접적으로 전자와 연결된다고 말할 수 있다.

그런데 이 두 세계의 연결은 각각 양측의 여러 개념 내지는 여러 양 사이에 있는 대응관계로서 표현된다. 예를 들어 양자역학적인 파동함수 안에 변수로 들어 있는 $x \cdot y \cdot z$를 관측에 의해 결정할 수 있는 전자의 좌표에 대응시킨다. 파동함수 자신은 양자역학의 법칙에 따라 시간의 경과와 함께 필연적으로 변화하지만, '사실의 세계'에서 그것은 단지 여러 가지 관측결과가 실현될 확률을 규정한 것에 불과하다. 이런 의미에서 양자역학적 '대상의 세계'는 '가능의 세계'라고 부를 수 있다. 관측을 행함으로써 어떤 결과가 얻어진다는 것은 많은 가능성들로부터 하나를 선택한다는 것을 의미한다. 그리고 동시에 그것은 대상의 세계에서 파동함수가 돌발적이고 비인과적인 변화를 야기한다는 것을 의미한다. 이른바 '파동함수의 수축'이다. 이것에 관해서는 더 논해야 할 부분이 많지만 여기서는 이 정도로 마무리하고 본론으로 들어가도록 하자.

물질에서 정신으로

자연계에는 다양한 물物이 있다. 우리들은 이것을 무생물과 생물로 분리하고자 한다. 돌은 무생물이라고 한다. 고양이는 생물이라고 한다. 고양이는 영양을 취하고 호흡하며 활발하게 움직이고 성장, 증식한다. 돌처럼 가만히 움직이지 않는 것과는 큰 차이가 있다. 그러나 어느 쪽이든 다수의 원자들이 집합한 것이라는 점에는 변함이 없다. 지금 이 돌 전체를 양자역학의 대상으로 본다면 그것은 매우 많은 자유도를 가진 체계이다.[20] 그 상태를 파동함수

---

20. 하나의 입자의 자유도는 (그 크기나 구조를 생각하지 않아도 된다면) 3이다. 이것은 고전역학적으로 말하면 입자가 공간의 세 방향으로 자유롭게 움직일 수 있다는 것을 의미한다. 따라서 예를 들어 1억 개의 전자 전체를 양자역학적 체계로 간주하면 그 자유도는 적어도 3억이다. 그리고 파동함수 안에는 1억의 전자 좌표를 나타내는 3억 개의 독립변수가 들어 있다. 돌 안에 있는 전자의 수는 물론 1억 정도의 수준이 아니다. 1억의 1억 배의 1억 배 정도는 들어 있다.

로 표현하면 그 안에는 자유도의 수만큼의 변수가 들어 있다.

거기에 고양이의 경우도 (그것이 허용될지 안 될지는 잠시 제쳐두고) 만약 양자역학적 체계라고 간주한다면, 돌과 같은 정도의 수의 원자로 되어 있는 셈이기 때문에 자유도 대략 같은 정도이다. 그럼에도 불구하고, 고양이는 돌과 비교하면 견줄 수 없을 만큼 복잡한 움직임을 보인다. 그 이유는 대체 어디에 있는 것일까? 돌을 구성하는 무수한 원자 또는 분자는 서로 긴밀하게 연결되어 있다. 통상의 온도 밑에서는 분자들 상호 간의 위치가 거의 정해져 있어서 그 위치를 중심으로 겨우 진동할 뿐이다.

그 진동은 우리들의 눈에 보이지 않고 단지 강하게 결합한 무수한 분자 전체가 하나가 되어 강체剛體로서 운동할 경우, 처음으로 우리들의 주의를 끄는 것이다. 돌이 본래 가지고 있는 자유도의 거의 전부는 이른바 동결되어 있어서 겨우 강체의 자유도 6만이 문자 그대로 자유롭다.[21] 그런데 돌을 뜨겁게 가열하면 분자 간의 진동이 격렬해짐과 동시에 진동의 자유도가 점점 해방되고, 결국 분자 상호 간의 결합이 완전히 파괴되어 가스 상태가 될 때 각 분자가 거의 자유롭게 운동함으로써 모든 자유도가 발현된다. 그러

---

21. 강체(고체)는 일반적으로 3차원 좌표(x y z)와 각 축마다의 회전 각도를 표현해야 하기 때문에 6의 자유도 값을 가진다고 이해된다. (옮긴이)

나 가스가 되더라도 물론 그다지 복잡하다고는 말할 수 없다. 그것은 통상의 경우 무수한 분자가 거의 어떤 개성도 보여주지 않고, 전체로서의 평균적인 성질만이 우리들에게 문제가 되기 때문이다. 돌 같은 고체와 가스의 중간에 있는 액체는 비교적 복잡하여 그 유동성 안에서는 생명과 어떤 연관성이 인정된다.

고양이의 경우는 어떠한가? 고양이의 신체는 복잡한 유기화합물로 구성되어 있다. 개개의 유기물 분자 자체가 이미 상당히 복잡한 구조를 이루는데다가 여러 종류의 차이가 있어서 그것들이 미묘하게 연결되어 눈에 보이는 신체를 이루고 있다. 분자들끼리의 결합은 돌처럼 견고하지 않다. 그리고 어떤 부분에서 어떤 화학변화가 일어나면 그것은 여러 가지 방법으로 다른 장소에 전달된다. 때에 따라서는 일부의 매우 작은 변화가 크게 확대되어 다른 부분에 전해지는 경우도 있다. 예를 들어 고양이가 먼 곳에 있는 쥐를 발견했다고 하면 그 영상이 고양이 망막의 한 작은 부분에 어떤 화학 변화를 일으키는데, 이것이 원인이 되어 고양이의 신체 전체가 쥐로 향하는 결과로서의 운동이 나타나게 된다. 이런 의미에서 생물(적어도 고등한 동물)의 신체는 틀림없이 일종의 확대장치와 같은 성질을 가지고 있다. 그러나 그것이 요르단Ernst Pascual Jordan, 1902~1980[22]이 주장하듯이 한 개의 원자 또는 분자가 관계하는 순수한 미시적 현상을 거시적 현상으로까지 변화시킬 정도의 것인가 아닌가는 따져봐야 할 문제이다.[23] 오히려 보다 많은 경우, 거시적 운동의 원인으로서는 미시적이고 거시적인 것의 중간단계(예를 들어 미세한 교질colloid 입자와 같은 것) 이상으로 거슬러 올라갈 필요가 없을지도 모른다.

이것과 관련하여 보어Niels Bohr, 1885~1962[24]는 양자역학에 대한 상보성의 개념이 생명에 관한 제현상의 해석에도 유용하리라는 견해를 발표했다.[25] 그것에 따르면, 생명현상의 기구를 분명히 하기 위해서는 생물체 제기관의 세부에 대한 물리화학적 분석을 행

---

22. 독일의 물리학자로 양자역학의 행렬모형인 행렬역학을 고안했다고 알려진다. (옮긴이)
23. Jordan, *Anschauliche Quantentheorie* (1936), Kap. V 참조. 여기에는 많은 대담한 의견들이 제시되고 있다.
24. 덴마크의 물리학자이다. 20세기 초 세계 물리학계의 최전선에서 활약했던 보어는 상보성 원리 등 양자물리학의 최신 이론들을 설계한 것으로 유명하다. 1927년 벨기에의 브뤼셀에서 열린 제5차 솔베이 학회에서 양자역학을 둘러싸고 아인슈타인과 벌였던 논쟁은 과학의 역사에서 흥미로운 사건으로 알려져 있다.(옮긴이)
25. Bohr, *Licht und Leben*, Naturwiss. 21(1933). S.245. 또는 〈빛과 생명〉(아마노 시 옮김,《과학일본》1942년 7월호, 140쪽) 참조. 상보성이란 동일한 대상에 대해 어떤 일정한 실험에 의해 얻을 수 있는 지식이 이 실험과 서로 방해가 되는 다른 실험에 의해 얻을 수 있는 지식과 서로 보완함으로써 마침내 그 대상의 기술을 완전하게 한다는 것을 가리킨다.

하지 않으면 안 된다. 그런데 관측의 대상이 상세해짐에 따라 미시적 세계에 다가가 결국 관측에 의해 현상의 자연적 경과가 방해받으리라는 점이 충분히 예상된다. 그 결과 기관의 기능에 장해를 일으켜 심해질 경우에는 생명을 앗아가게 될 것이다. 이런 의미에서 생명을 생명으로 취급하는 태도와 그것을 물리적, 화학적으로 최후까지 분석하려는 태도는 원래 양립하기 어려운 것이 아닐까? 우리들이 생명을 살려두기 위해 물리적, 화학적 추구를 단념하는 지점, 바로 그 장소에서 생명의 존재라는 기본적 사실이 인정되는 것이 아닐까? 물리학적 연구법과 생리학적 연구법은 서로 상보적 관계에 있지 않을까?

　이 같은 예상에는 분명 생명의 본질에 대한 깊은 통찰이 포함되어 있는 것으로 생각된다. 그러나 그것은 어디까지나 예상이다. 물리화학적 추구를 단념해야 하는 지점이 있다고 한다면 그것은 과연 어디일까? 한마디로 생명이라고 해도 매우 작고 비교적 간단한 생명체에서부터 매우 복잡한 고등동물까지 천차만별이다. 그 모두에 대해서 위와 같은 생각이 일률적으로 성립할까? 이러한 의문에 대해서는 생물학이나 생리학이 현재보다 더욱 약진하여 물리학이나 화학과의 사이에 가로놓인 거대한 다리를 제거할 무렵에야 비로소 정확한 답이 얻어질 것이다.

　그러나 나는 현재의 물리학의 입장으로 볼 때 다음과 같은 것은 말할 수 있지 않을까 생각한다. 위에서 언급한 대로 생물체는 확대장치의 성질을 가진다. 그것은 외계의 변화에 매우 민감하다는 것을 의미하지만, 반면 생물체는 물리적, 화학적으로 볼 때 매우 불안정하다는 것이다. 외계 온도의 미세한 변화, 약간의 기계적 충격, 소량의 독극물의 흡입, 또는 눈에 보이지 않는 미생물의 침입에 의해서도 기능 장애를 일으키거나 생명을 빼앗길 가능성이 있다. 따라서 만약 고양이의 신체를 양자역학적 체계로 간주할 수 있다 하더라도 그것은 이른바 '닫힌 체계'가 아니라 항상 외부계와 상호작용하고 있다는 것을 고려하지 않으면 안 된다. 그 결과 고양이의 상태를 완전히 알고 있는 것으로 양자역학적으로 다룰 수는 없기 때문에 종종의 상태를 동시에 고려하는 양자통계역학적 방법을 채용하지 않으면 안 된다. 앞에서 말한 대로 양자역학에서는 개개의 관측 사실들 간에 일반적인 인과율이 성립하지 않고 다수의 대상을 동시에 생각하는 경우에 통계적 인과율이 성립할 뿐이다. 이것은 양자역학 자신이 원래 가지고 있는 성질인데, 통계역학에서는 원인을 정확히 알 수 없는 데에서 오는 통계적 성질이 부가된다. 그런데 고등한 생물, 특히 인간의 움직임을 논할 때에는 통계적인 법칙이 무기력한 경우가 많다. 왜냐하면 어떤 아주 특수한 상황하에서 인간은 어떻게 행동하는가가 문제되기 때문이다. 인간의 세계에서 완전히 같은 사건은 두 번 다시 반복되지 않는 것이 보통이다. 따라서 아주 여러 차례 동일한 원인이 주어질 경우, 어떤 결과가 몇 차례 일어날지를 알고 있더라도 현실의 문제 해결에는 별로 도움이 되지 않는다.[26] 나아가 생물체는 신진대사를 행하며 외계와의 사이에서 물질을 끊임없이 교환한다. 따라서 고양이의 신체라 하더라도, 어디까지를 포함할 것인지는 알 수 없다. 고양이와 그 신체에서 매우 가까운 물질을 하나로 간주하여 양자역학적 체계라고 본다면 우리들이 통계역학적으로 알 수 있는 것은 더욱 빈약해질 것이다.

이상과 같이 고등한 동물, 특히 인간처럼 복잡한 구조를 가진 것에 대해서는 외면적인 관찰만으로는 불충분하다는 점이 명확

---

26. 그러나 이것은 생물의 연구에 대한 물리화학적 방법의 중요성을 조금도 감소시키지 않는다. 생물체의 각 부분을 떼어내어 그 기구를 자세히 조사해보면 그만큼 생물체 전체로서의 움직임도 잘 알 수 있게 된다. 첫째, 생물체를 물리적, 화학적 체계라고 간주할 수 있는 것은 각 부분의 화학적 조직과 상호의 연쇄기구를 충분히 알 수 있는 것을 전제로 하고 있다. 단, 문제는 부분적으로 잘 알려져 있더라도 그것을 상호 간에 연결된 전체로서 취급하는 경우, 대상의 상태에 관해 불명확한 점이 증가한다는 것이다.

또 하등동물(특히 미생물)의 경우에는 엄청난 다수를 동시에 취급하는 것이 보통이기 때문에 통계적 법칙이라고 해도 충분히 유용할 것이다. 마찬가지로 인간의 경우에도 일상적으로 반복됨으로써 많은 사람들에게 공통된 이른바 평범한 행위에 대해서는 통계적 고찰이 의미를 가질 것이다.

하다. 자연과학 전체가 매우 진보하여 물리학 혹은 화학과 생물학 사이의 간극이 사라진다고 해도, 이 점에는 아마 변화가 없을 것이다. 여기서 우리들은 자연과 정반대의 태도, 즉 내면으로부터의 관찰에 도움을 구하지 않을 수 없게 된다. 현재 우리들은 항상 자기 마음의 움직임을 스스로 관찰한다. 그리고 타인에 대한 외면적 관찰을 자기 마음의 움직임에 대한 반성으로 뒷받침함으로써 타인의 마음속을 짐작하는 것이다. 그것만이 아니다. 인간 이외의 동물의 행동을 관찰함으로써 사람과 닮은 마음의 움직임을 상상하기도 한다. 우리들이 생물을 '살아 있다'고 인정하는 것 자체, 하나의 생명의 다른 생명에 대한 공감을 의미하고 있을지 모른다.

어찌 되었든 물질의 문제가 복잡한 미로에 빠져 어쩔 도리가 없는 난관으로부터 정신의 세계가 스스로 열려오는 것이다. 그것은 더 이상 좁은 의미의 물리학의 세계가 아니다. 주로 심리학에 의해 연구되어야 할 영역이다. 거기에는 정신현상 자체의 정확한 표현, 그것을 지배하는 법칙의 발견이 문제가 될 것이다. 그러나 심리학적 세계는 결코 그 스스로 완결된 것이 아니고 물리적인 현상이 끝없이 외적인 것, 우연적인 것으로 영향을 미치고 있는 것이 확실하다. 이것에 대해서는 다음 절에서 다시 살펴보기로 하자.

과학의 근원

 이처럼 물리학적 세계는 그 자체로 완결된 것이 아니고, 그 너머에 심리학적 세계를 인정하지 않을 수 없다. 그 뿐만이 아니다. 거꾸로 우리들에게 가까운 것은 오히려 심리학적 세계라고 생각된다.
 외계의 물질이라는 것은 별로 생각할 필요가 없다. 단지 우리들에게 의식된 표상이 있을 뿐이다. 내가 물리적 현상이라고 칭하는 것도 사실은 나의 주관적인 지각을 외부세계의 어떤 장소에서 일어난 사건으로 간주한 결과에 불과하다고 생각할 수 있을지 모른다. 과학적인 지식이라 하더라도 정확히 표현하자면 "나는 어떤 지각을 얻었다"고 말해야지, "어떤 물리적인 양이 어떤 일정한 값을 취했다"고 말해서는 안 될지도 모른다. 물질도 결국 정신 안에 있다고 생각할 수 있을지 모른다.
 이러한 생각이 (자연과학의 거의 무의식적인 출발점이었던 소박실재론과 비슷하게) 매우 일면적, 추상적이라는 것은 이미 철학자들에 의해 반복적으로 지적되어 온 일이다. 구체적 체험에서 내가 생각하는 것과 생각하는 내가 있다는 것은 표리일체로, 전자로부터 후자가 나오는 것도 아니고 후자로부터 전자가 나오는 것도 아니다. 심리적 현상이란 단지 하나의 추상에 불과하다. 꿈이 단순히 의식

내의 현상이라 하더라도 내가 그것을 꿈이라고 알고 있는 이상 그것은 나의 신체적 상태와 관련된 현상이기도 하다는 것을 인정하지 않으면 안 된다. 누구의 꿈도 아닌 꿈은 꿈조차도 아닐 것이다.

내면적 체험이나 외면적 관찰이라고 해도 한쪽만 있는 것이 아니라 처음부터 동일한 것의 내외로서 쌍방 모두에 구비된 것이다. 단, 외부적 대상으로서의 관찰을 상세히 해나가면 스스로 물리학적 세계가 정립되고, 내부적인 마음의 움직임으로 충실하게 표현하고자 하면 심리학의 세계로 들어오게 될 뿐이다. 양쪽이 원래 같은 원천으로부터 출발하고 있다는 사실은 의심할 여지가 없다. 그러나 일단 양방으로 나누어진 두 개의 길은 (앞에서 말한 대로) 매우 오랫동안 쉽게 개척할 수 없는 험난한 길을 통과하지 않으면 다시 만날 수 없게 된다. 그리고 과학적인 '물심병행론'은 그곳에서만 오직 성립할 수 있다.[27]

처음에 말한 대로 철학은 물론 이 같은 우회로를 통과하지 않는

---

27. 양자역학의 입장으로부터 물심병행의 문제를 논한 것으로는 예를 들어 Bohr, *Atomtheorie und Naturbeschreibung* (1931). 3.4; Neumann, *Mathematische Grundlagen der Quantenmechnik* (1932), Kap. 4 가 있다. 그러나 생명의 문제보다 더 불확실한 해답밖에 줄 수 없는 것은 과학의 현 상태로 볼 때 어쩔 수 없는 것이다. 이것에 관해서는 앞의 책 《존재의 이법》 외편 제1장을 참조했으면 한다.

다. 안과 밖의 구별을 자명한 것으로 인정하는 일은 이미 철학으로부터 벗어나 경험과학으로 들어가는 것을 의미할지도 모른다. 그러나 아무튼 현대 물리학의 빛을 유일한 버팀목으로, 확실하지 않지만 물질과 정신 사이의 회로를 일순해 보았다.

  내가 이 순환의 출발점에서 임시로 물리학을 선택한 것은 그것이 내가 가장 잘 아는 분야이기 때문이다. 우리들의 진정한 출발점은 물질과 정신이 아직 분리되지 않은 곳에 있지 않으면 안 된다. 여러 가지 과학이 분화 발달하는 근원을 현실 세계에 대한 인격적 행위에서 구하지 않으면 안 된다는 것은 새삼 언급할 필요도 없다. 인간성에 대한 자각과 신뢰를 떠나서는 철학도 과학도 그 존재 의의를 잃어버린다. 우리들은 몇 번이든지 그 원류로 돌아가 그때마다 자각을 새롭게 함으로써 더 먼 길을 가지 않으면 안 된다.

제2부

반생의 기록

나는 물物의 수數조차
되지 못하네
깊은 산길을 헤치며 나아가는
인간이 그립다.[28]

반생의 기록

    연구에 대한 고뇌를 이야기해달라는 의뢰를 얼떨결에 수락하고 말았지만, 생각해보면 그리 쓸 만한 내용이 없다. 우선 대단한 업적도 없으면서 '고뇌'라는 것은 매우 주제넘는 일이다. 더군다나 나의 연구는 이제 시작 단계에 불과해서 지금부터 점점 어려워진다고 생각하면 과거에 대해 논하기에는 부족한 감이 없지 않다. 그런 이유로 집필을 미루고 있는 사이 친아버지의 갑작스러운 죽

---

28. 유카와의 이 단가는 연구자로서의 겸손함과 강한 의지를 드러내고 있다. 자신은 감히 물(物)의 숫자로도 셀 수 없을 만큼 부족한 인간이지만, 어려운 분야를 개척해갔던 뛰어난 선구자들에게 다가가도록 초지일관 노력하고자 한다는 뜻이다.(옮긴이)

음 때문에 약속된 기한 안에 도저히 글을 쓸 수 없었다. 하지만 재차 독촉하는 바람에 어쩔 수 없이 급하게 글을 쓰게 되었다.

돌이켜보면 내 연구가 작은 결실을 맺게 된 것은 어디까지나 많은 사람들이 지원과 협력을 아끼지 않았던 덕분이다. 나는 여러 가지 의미에서 정말 운이 좋았다. 혼자만의 힘이 얼마나 미약한지 절실히 느끼고 있다. 이 기회에 나는 '고뇌'보다는 오히려 '은혜'와 '운명'에 대해 쓰고 싶다.

교토 시대

나는 메이지 40년(1907)에 도쿄에서 태어났는데, 이듬해 아버지(오가와 타쿠지, 小川琢治)가 교토제국대학에 부임한 이후, 1932년 봄까지 20년 넘게 교토에서 계속 지냈다. 아버지의 전공은 지질학과 지리학이었는데, 그 연구벽은 고고학, 중국학에서부터 서화, 검도, 바둑에 이르기까지 광범위하여 서재나 마당은 물론 거실에서 현관까지 온갖 종류의 책들이 엄청나게 쌓여 있었다. 넓은 집만을 찾아 이사를 다녔지만 책은 점점 늘어날 뿐이어서 가족들은 언제나 그것들을 정리하는데 골머리를 앓아야 했다. 그런 집에서 자란 나는 자연스럽게 책에 친숙해졌고, 여러 가지 책을 손에 잡히는 대로 읽었다. 그것이 훗날의 내게 어떤 영향을 미쳤는지 정확히는 알 수 없다. 하지만 읽는 것과 생각하는 것, 그리고 쓰는 것이 지금까지 내게 중요한 일이 된 것은 아마 그런 이유 때문일 것이다.

아버지는 내가 전공할 학과에 대해서는 조금도 간섭하지 않으셨다. 대학에 들어가게 되었을 때, 나는 깊은 고민에 빠졌다. 삼고 三高[29]의 3학년이 되어 제1회 지원학과를 쓸 때 선택한 것은 아버지의 전공이었던 '지질학'이었다. 그러나 삼고 졸업 직전 마침내 대학 지원을 결정하게 되었을 때, 갑자기 마음이 변하여 '물리학'이라고 써 버렸다. 지금 생각해보면, 물리학은 내게 유일한 길이었기 때문에 다른 여러 가지 일을 했더라도 아마 실패로 끝났을 것이 분명하다.

대학 3학년 때 어느 선생님께 지도를 부탁할지 결정할 때에도 다시 한 번 망설였다. 결국 양자론을 전공하기로 하고, 이론 물리학의 교수였던 타마키 카쥬로玉城嘉十郎, 1886~1938[30] 선생님에게 지도를 부탁하고자 방문했다. 선생님은 원래 유체역학과 상대성이론을 전공하셨기 때문에 내 부탁이 혹시 폐를 끼치는 것이 아닐까

---

29. 교토대학의 전신이었던 구제(舊制)고등학교. 학제 개혁에 의해 1950년 마지막 졸업생을 배출하고 교토대학 교양학부로 전환했다.(옮긴이)

걱정했지만 아무런 망설임 없이 내 부탁을 들어주셨다. 그 후 대학을 졸업한 지 4년이 지나 1933년 오사카제국대학으로 옮길 때까지 나는 선생님의 연구실에서 일했다. 그 사이 선생님은 그다지 세세한 부분까지 간섭하지 않았기 때문에 나는 유쾌하고 즐겁게 연구를 진행할 수 있었다. 부모님께 부탁하여 전공 서적을 몇 권 샀다. 이런 일 하나에도 부모님의 고마움을 느낀다. 그 4년 동안 제대로 된 연구는 하나도 발표하지 못했지만 실제로는 나에게 가장 중요한 준비기간이었던 셈이다. 그 시기에 흡수한 잠재력이 그 후 수년간의 활동에 원천이 되었음은 분명하다.

다시 화제를 돌리자면, 내가 대학에 재학하던 당시는 마침 드브로이de Broglie, 1892~1987나 슈뢰딩거Erwin Schrödinger, 1887~1961의 파동역학, 하이젠베르크Werner Karl Heisenberg, 1901~1976 등의 양자역학이 출현한 직후로 일본에는 아직 그 방면의 전문가가 거의 없었다. 나는 어떤 뚜렷한 목표도 없이 새로 발표된 논문을 그냥 쫓아다녔다.

---

30. 교토대학 이학부 교수로 이론 물리학을 전공했다. 타마키는 54세의 젊은 나이로 요절했지만, 그의 문하에서 유카와를 비롯하여 1965년 역시 노벨 물리학상을 수상한 토모나가 신이치로(朝永振一郎, 1906~1979)가 나오는 등 일본 물리학계에서 특별한 의미를 지닌 인물이다.(옮긴이)

그런데 대학 졸업을 전후로 서구 물리학자들이 일본을 계속 방문한 일은 내게 행운이있다. 처음 좀머쎌트Sommerfeld, 1868~1951 문하의 라포르테Otto Laporte, 1902~1971가 며칠간 양자역학을 강의했다. 이어서 좀머펠트도 교토대학을 방문하여 파동역학에 관한 평이한 강연을 했다. 나아가 양자역학의 건설자인 하이젠베르크와 디랙Paul Adrien Maurice Dirac, 1902~1984 두 분이 일본을 방문했다. 하이젠베르크의 입에서 직접 불확정성 원리의 해설을 듣는 것, 디랙 자신이 말하는 전자의 상대성원리, 그런 것들은 무엇과도 바꿀 수 없을 만큼 감명 깊은 것이었다.

이때를 전후하여 일본에 막 귀국한 아라카츠 분사쿠荒勝文策, 1890~1973,[31] 스기우라 요시카츠杉浦義勝, 1895~1960,[32] 니시나 요시오仁科芳雄, 1890~1951[33] 박사도 물리학 교실의 초대에 응하여 신선한 강연을 해주셨다. 이런 계속된 자극이 나의 미래에 얼마나 깊은 영향을 끼쳤을까? 정말 헤아릴 수 없을 정도이다. 그러나 그것도 물

---

31. 1918년 교토제국대학 이학부 물리학과를 졸업한 이후, 아라카츠는 1926년 일본의 식민지였던 대만의 대북제국대학(훗날 국립대만대학) 교수로 내정되었다. 개학까지 2년간 베를린, 취리히를 거쳐 영국 케임브리지의 캐번디쉬 연구소에 재직하다가 대북제국대학 개학과 함께 유럽에서 귀국했다.(옮긴이)
32. 유럽에서 막스 보른, 닐스 보어 등에게 양자역학을 배우다가 1927년 일본에 귀국, 이화학연구소에 근무했다.(옮긴이)

리학 교실의 선생님들이 새로운 물리학의 씨앗을 그곳에서 키우고자 했던 열의의 산물이었다. 당시를 회상할 때마다 감사의 마음을 금할 길이 없다.

오사카 시대

1932년 봄, 나는 성姓을 바꾸고 오사카에 살면서[34] 그 후에도 별 걱정없이 연구를 계속할 수 있었다. 그것은 전적으로 양부모님 덕분이었다. 양아버지(유카와 겐요, 湯川玄洋)는 당시 병원 일을 오래전에 의형에게 넘겨주고 서화와 차로 여생을 보내고 계셨다. 심장이 약해져 있었기 때문에 과격한 운동을 피하고 몸조리를 하고 계셨

---

33. 일본 현대 물리학의 아버지로 일컬어진다. 니시나는 1921년 유럽 유학을 떠나 캠브리지 캐번디쉬 연구소, 괴팅겐대학 등에서 연구하다가, 1923년 코펜하겐대학의 보어 연구실에 합류했다. 1928년 일본에 귀국한 이후, 우주선, 가속기 등의 분야에서 뛰어난 업적을 쌓았다. 사후에는 니시나 기념재단이 설립되어 원자물리학 분야의 뛰어난 연구자들에게 니시나 기념상을 수여해오고 있다.(옮긴이)
34. 유카와 겐요의 차녀 유카와 스미와 결혼하여 성을 오가와(小川)에서 유카와로 바꾼 것을 의미한다. 당시에는 결혼과 동시에 남편이 처갓집의 양자가 되면서 동시에 성을 바꾸는 경우가 흔했다.(옮긴이)

는데, 1935년 8월 내 연구성과를 보지 못하고 세상을 뜨고 말았다. 지금 살아 계신다면 얼마나 기뻐해주셨을까? 오직 석성만 끼친 것을 생각하면 정말 유감스러울 뿐이다.

1933년 4월 센다이에서 열린 일본 수학물리학회의 연회석상에서 나는 난생 처음 내 연구결과를 발표했다. 그것은 '핵내 전자의 문제에 대해'라는 제목이었다. 당시는 마침 중성자가 발견된 이듬해였는데,[35] 원자핵은 양자와 중성자로 이루어져 있다는 설이 막 유행하기 시작한 때였다. 그러나 아직 베타 붕괴에 관한 페르미Enrico Fermi, 1901~1954의 중성미자설이 발표되지 않았기 때문에[36] 핵내 전자에 대해서는 양자역학을 전혀 적용할 수 없었고, 에너지 불멸의 법칙도 성립하지 않을 것이라는 보어 등의 견해가 유력했다.

나는 중성자와 양자 간의 상호작용이 전자의 교환에 의해 일어난다는 하이젠베르크의 생각을 어떻게든 수학적으로 표현하려고

---

35. 1932년 영국의 물리학자 제임스 채드윅(James Chadwick, 1891~1974)이 원자핵을 분할하여 중성자를 발견한 사건을 일컫는다.(옮긴이)
36. 1934년 페르미의 베타(β) 붕괴 이론을 말한다. 페르미는 자연계에 중성자를 놓아두면 양자와 전자로 분해되는데, 이것이 에너지 보존법칙을 만족하려면 또 하나의 입자가 필요하다고 보고, 그것을 중성미자(neutrino)로 이름 붙였다. 페르미의 베타 붕괴 이론은 이전까지 전자와 양자전기역학에서만 사용되던 장의 이론을 소립자의 영역에까지 확장시킨 데 의의가 있었다.(옮긴이)

시도했다. 그리고 중성자와 양자 간의 전이가 전자의 '장場'에 대한 '원源'이 된다는 가정을 도입했다. 그 결과 '핵력'과 같은 것이 나오기는 했지만, 그 유효거리가 너무 길 뿐만 아니라 전자가 페르미 통계Fermi statistics[37]를 만족한다는 사실이 중대한 장애가 되어, 그 이상 이론을 발전시킬 수 없었다. 그 학회에 출석한 니시나 요시오 박사로부터 보즈 통계Bose statistics를 만족시키는 전자의 존재를 가정하는 것이 어떤가 하는 조언을 얻었다. 이것이 나중에 말하는 중간자 이론에 대한 하나의 암시가 되었다. 니시나 선생님은 그때부터 오늘날까지 계속해서 내 연구에 가장 적극적인 지원을 해주셨다. 오늘날의 내가 있는 이유 중의 하나는 선생님의 은혜이다.

이 연회에서 나는 오사카제국대학 물리학 교실의 주임교수 야기 히데쯔그八木秀次, 1886~1976 선생님을 만나 오사카대학으로 가게 되었다. 그것은 내게 더할 나위 없는 행운이었다. 당시의 오사카대학 이학부는 창립 직후여서 젊은 교수들이 많았고 정말 생동

---

37. 페르미 통계란 둘 이상의 입자가 같은 양자역학적 상태를 차지할 수 없는 경우에 그 입자들의 통계적 성질을 가리킨다. 이에 반해 보즈 통계란 같은 양자역학적 상태에 무수한 입자들이 들어갈 수 있는 경우에 그 입자들의 통계적 성질을 일컫는다.(옮긴이)

감이 넘쳤다. 콕크로프트Cockcroft형 고압장치가 완성되어 이화학 연구소에서 담당자로 키쿠치 세이시菊池正士, 1902~1974 박사가 내임한 것은 이듬해였다. 키쿠치 박사를 중심으로 원자핵 연구는 착실하게 발전했다.

나는 그 활동적인 분위기 안에서 앞에서 말했던 이론의 한계를 어떻게 타개할 것인가에 대해 고심했다. 그때는 이미 베타 붕괴에 관한 페르미의 이론도 발표된 상태였는데, 그것은 결국 내가 생각했던 전자장을 전자와 중성미자 한 쌍으로 바꾼 것이었다. 그것에 의해 전자가 페르미의 통계에 따를 때 수반하는 여러 가지 모순을 제거할 수 있었는데, 그 이론 또한 역시 '핵력'과 '베타 붕괴'를 동시에 설명할 수는 없었다. 따라서 무엇인가 전혀 새로운 생각이 필요하다고 느끼게 되었다.

그해, 즉 1934년 가을, 간사이關西 지방이 태풍으로 수해를 입었다. 나는 당시 양부모님과 함께 니시노미야시西宮市의 야마테山水에 있는 쿠라쿠엔苦樂園에 살고 있었는데, 다행히도 태풍 피해는 없었고, 그 직후에 차남이 태어났다. 그 즈음 나는 혼자 아랫목을 맴돌며 핵력의 문제를 집중적으로 생각하고 있었다. 그 결과 다소 불면증에 걸린 것처럼 낮에는 뭔가 머리가 멍한 상태였다. 대신 밤이 되면 좀처럼 잠을 잘 수 없는데다가 머리가 점점 맑아져 이런 저런 생각들이 떠올랐다. 아침이 되면 잊어버릴까봐 머리맡에

노트를 준비해두고, 생각이 정리되는 대로 일어나서 적어놓곤 했다. 그러나 신기하게도 그 당시에는 기발하다고 생각했던 것도 다음날 아침에 읽어보면 시시한 것들인 경우가 많았다. 그런 일들을 반복하고 있을 때, 평소와는 달리 핵장核場의 구상이 명료한 형태를 띠게 되었다. 따라서 10월경 오사카대학에서 처음으로 발표를 했다. 이 새로운 장에서는 전자의 약 200배의 질량을 가지고 보즈 통계를 만족시키는 새로운 입자(오늘날 이른바 중간자)가 동반되어야 한다는 것을 결론으로 제기했다. 당시 키쿠치 박사도 언급했던 것처럼 이 입자는 전기를 띠고 있을 것이기 때문에, 혹시 그것이 실제로 존재한다면 안개상자 사진으로 그 모습을 발견할 수 있다고 예상했다. 그러나 지상의 실험실에서는 이 입자를 만들어내는 일이 곤란했기 때문에 기대할 수 있는 것은 우주선뿐이었다. 그런데 당시 우주선의 본질은 거의 알려져 있지 않았다.

한편 나는 이 학설을 11월 도쿄에서 열린 일본 수학물리학회의 정례회의에서 발표했고, 이듬해인 1935년 2월 논문이 그 학회 기사에 게제되었다.[38] 이에 대해 한마디 덧붙이고 싶은 것이 있다. 일반적으로 "새로운 학설은 많은 경우 일본에서는 무시되다가 외국에서 화제가 된 다음에야 일본 학자들이 주목한다"고 한다. 그러나 내 경우에는 결코 그렇지 않았다. 왜냐하면 내 학설에 대해서는 발표 당시부터 국내의 많은 학자들이 흥미를 갖고 있었기 때문이다. 그리고 니시나, 기쿠치 박사 같은 분들은 나를 가장 열심히 격려해주었다. 더욱이 당시에는 직접적인 실험 근거가 거의 없었기 때문에 누구도 그 학설을 그대로 믿는 것은 불가능했다. 그런 이유 때문에 내 학설은 처음부터 일본에서 호의를 가지고 받아들여졌다고 해도 좋다. 오히려 외국에서는 아직 거의 문제가 되고 있지 않았던 것이다.

이처럼 내 학설은 일단 완성되었지만, 실험적으로 아직 증거가 나오지 않았던 관계로 설득력이 없었다. 그런데 1936년, 앞서 양전자를 발견했던 앤더슨Carl David Anderson, 1905~1991이 우주선의 안개상자 사진 안에서 미묘한 입자의 궤적이 나타났다고 보고했다. 즉 그 입자는 분명히 전자가 아닌데다가 양자보다 가볍지 않으면 안 된다는 것이다. 나는 이 소식을 듣자마자 그 입자야말로 내가 찾고 있던 새로운 입자(즉 중간자)라고 생각했다. 그러나 오늘날 보자면, 이것은 일반적인 중간자가 아니었던 모양이다. 왜냐

---

38. 당시 이 논문은 〈On the interaction of elementary particles〉라는 제목으로 영어로 게재되었다. 유카와의 자필 원고와 인쇄 논문은 다음의 사이트에서 확인이 가능하다. 유카와 자필원고: http://ocw.kyoto-u.ac.jp/yukawa/yukawa/yukawa1stpaperdraft.pdf 유카와 논문의 인쇄본: http://ocw.kyoto-u.ac.jp/yukawa/yukawa/yukawapaper.pdf (출전) 교토대학 기초물리학연구소 유카와 기념관 사료실.(옮긴이)

하면 그 질량은 전자의 200배 정도로 작은 것이 아니라, 오히려 양자의 질량에 가까웠기 때문이다. 이 입자의 정체는 지금도 풀리지 않은 채 남아 있다.[39] 중간자의 궤적을 보여주는 분명한 우주선 사진이 미국과 그 밖의 나라들의 학자들, 일본에서 니시나 박사 등에 의해 얻어진 것은 이듬해인 1937년부터 1938년 사이였다.

결론

한편 우주선 안에 중간자가 존재한다는 것이 입증되고 나서 그 뒤의 일은 이미 여러 기회를 통해 말했기 때문에, 더 이상 깊이 거론하지 않기로 한다(상세한 것은 예를 들어, 내 책 《최근의 물질관》, 《극미의 세계》, 《존재의 이법》 중에서 어느 것이든 보았으면 한다).

마지막으로 이 기회에 덧붙여 두고 싶은 것은 1937년 이후의 이론적 발전은 결코 나 혼자만의 힘에 의한 것이 아니었다는 점이다. 작업의 대부분은 오히려 내 연구에 협력해준 사람들에게 돌아

---

39. 오늘날 이 입자는 전자와 비슷한 렙톤(lepton, 경입자)의 일종으로, 뮤온(muon)이라는 사실이 알려져 있다.(옮긴이)

가야 할 것이다. 특히 사카타 쇼우이치坂田昌一, 1911~1970(현재 나고야제국대학 교수) 박사는 까다로운 문제들을 하나하나 사세히 해결해주었다. 고바야시 미노루小林稔, 1908~ (현재 교토제국대학 교수) 박사와 다케타니 미쯔오武谷三男, 1911~2000로부터도 많은 도움을 받았다. 아울러 나중에는 많은 젊은 친구들이 일을 분담해주었다. 아무튼 중간자 이론이 오늘날의 단계에까지 도달할 수 있었던 것은 우선 선배 선생님들의 후원에 힘입은 것이기도 하고, 또 많은 유능한 협력자들을 얻었기 때문이기도 하다. 그럼에도 불구하고 나 혼자 여러 영예를 독차지하게 된 것은 마음속으로 무척 송구스러울 따름이다.

처음에도 말했듯이 중간자 이론은 오늘날 정체 상태에 빠져 있다. 이 난관을 벗어나게 되면 하나의 큰 해결점에 도달할 것이다. 그때 비로소 은혜를 갚게 될 것이다. 사은四恩의 첫째는 천황 폐하, 그리고 부모님의 은혜, 스승과 벗의 은혜, 중생의 은혜를 생각하지 않으면 안 된다.[40] 은사였던 타마키 선생님은 지금 이 세상에 안 계시고 아버지 두 분도 저승으로 가셨지만 다행히도 두 분

---

40. 사은(四恩)이란 원래 불교에서 유래한 용어이다. 《심지관경(心地觀經)》에 의하면, 중생이 이 세상에서 받은 네 가지 은혜로, 부모(父母), 국왕(國王), 중생(衆生), 삼보(三寶)를 들고 있다. (옮긴이)

어머니는 모두 건강하시며, 많은 선배 선생님들의 지원이 있다. 나는 명민하지 못하여 사상四相 중에서 일상一相도 깨닫지 못하고 있다.[41] 아니, 사상四相이란 무엇을 의미하는지조차도 잘 모르는 어리석은 사람일 뿐이다. 단지 사은四恩을 잃지 않고 연구에 정진할 것을 다짐한다.

(1943년 12월)

✤ 1943년 11월 친어머니도 교토부립대학 부속병원에서 돌아가셨다.

---

41. 사상(四相)이란 불교의 용어로서 아상(我相), 인상(人相), 중생상(衆生相), 수자상(壽者相) 등 마음의 유형을 뜻한다. 불교에서는 이 사상을 끊어야만 깨달음에 도달할 수 있다고 본다.(옮긴이)

히가시야마東山가 선명히 보이는 창문을 닫고,
끊어질 것만 같은 맥맥脈을 찾고 있네.[42]

---

42. 이 단가는 아름다운 히가시야마가 선명하게 보이는 연구실에서 자연을 관조할
   틈도 없이 날마다 연구에 몰두하고 있는 유카와 자신의 심정을 표현하고 있다.
   (옮긴이)

유리 세공

요즘 학문하는 즐거움을 온몸으로 느끼고 있다. 다가올 날들에도 연구생활을 계속할 수 있다는 것은 '기쁨'이라고 표현하기에 부족할 만큼 정말로 고마운 일이다. 대학을 나온 젊은 친구들이 우리들을 대신하여 전쟁터에 나가 있다고 생각하면 더욱 그렇다.

자신이 가장 좋아하는 이론 물리학의 길을 끝없이 쫓아갈 수 있다는 것은 얼마나 행복한 일인가? 나에게 이 같은 상황을 마련해 준 모든 이들에게 감사하지 않을 수 없다. 그러나 정말로 일본적인 그리고 세계적인 학문의 건설이라는 목표를 생각하면 흥분된 마음을 가라앉힐 수 없다. 지금 하나의 큰 즐거움은 대학에서 근무하는 덕택으로, 젊고 때묻지 않은 사람들과 함께 가르치고 배우면서 연구할 수 있다는 점이다. 사제지간이라고 할 만큼의 나이 차이는 없으니, 말 그대로 많은 새로운 동생들을 얻은 것만 같은 즐거움을 느낀다. 인연이 있어 내 연구실에 왔던 사람들은 다른 곳으로 간 뒤에도 타인 같은 느낌이 들지 않는다. 학문으로 연결된 형제는 경우에 따라 육친의 형제보다 가깝게 생각될 때도 있다. 어찌 되었든 현재의 나는 (학문의 길에도 깊은 고통이 있다는 것을 알면서) 배우는 즐거움을 보다 절실히 느끼고 있다. 그런데 나는 왜 물리를 전공하게 되었을까? 돌이켜보면 그다지 확실한 동기는 없다.

중학교 때부터 물리를 좋아했던 것은 사실이다. 아주 복잡한 현상이 교과서의 한두 페이지 안에 매우 간단명료하게 요약되어 있었지만, 의문을 가지고 더 깊이 생각해보면 점점 알 수 없게 되곤 했다. 그것은 매우 고통스러운 일이었지만, 거기에서 또 다른 흥미가 생겨나기도 했다. 그러나 그때는 오히려 수학을 좋아했다. 왜냐하면, 평면 기하 등 어떤 어려운 문제도 오랜 시간에 걸쳐 끈질기게 생각해보면 결국에는 답을 발견할 수 있었기 때문이다. 그에 비해 물리는 아무리 생각해봐도 중학생 정도의 지식으로는 결국 해결할 수 없는 문제가 많았다.

이어서 떠오르는 것은 1922년 가을 아인슈타인이 일본을 방문한 일이다.[43] 상대성원리라고 하면 (세계에서 단 열두 명 밖에 알지 못한다고 하는 것은 물론 거짓이겠지만) 전문가 이외의 사람들에게는 아무튼 매우 어렵고 추상적인 것이었지만, 세상(아직 오늘날처럼 과학이 보급되지 않았던 당시의 세상)이 음악이나 영화처럼 흥미를 가지고 그 학자를 맞이한 것은 정말 불가사의한 현상이었다. 당시 중학교 4학년이었던 나는 장래 이론 물리학자로 살아갈 것이라고는 상상도 하지 못했다. 때문에 그가 교토대학에서 강연을 했을 때도 가볼 생각이 없었다. 아니 그런 강연이 언제 어디서 열리는지조차도 모르고 있었다.

고등학교에 들어가서는 수학에 대한 흥미가 약간 시들해지고 말았다. 고등수학이라고 하면 다소 암기가 필요하다는 느낌이 들었기 때문이다. 반면 물리는 점점 흥미롭게 느껴졌다. 영문 교과

---

43. 아인슈타인은 1922년 11월 17일 카이조샤(改造社)라는 한 출판사의 초청 형식으로 일본을 방문했다. 당시 일본으로 향하는 도중에 스웨덴의 과학 아카데미는 아인슈타인의 노벨 물리학상 수상을 공식 발표하게 된다. 그 결과 일본에서는 대대적인 인파가 운집하여 그의 방문을 환영했다. 이후 아인슈타인은 약 43일간 일본 전역을 돌며 강연을 실시했는데, 교토에서는 12월 10일 '나는 어떻게 상대성 이론을 만들었는가'라는 제목으로 강연했다. 일본에서의 일반 강연은 총 8차례 실시되었는데, 약 1만 4,000여 명의 관중이 그의 강연을 들었다고 기록되고 있다. 아인슈타인이 일본에 체류하던 당시, 그가 남긴 여러 가지 에피소드가 전해진다. 예를 들어, 일본인들이 그에게 인력거를 타보도록 권유했지만, 아인슈타인은 그것을 비인도적인 노예 노동 같다고 거절했다는 일화는 특히 유명하다. (옮긴이)

서에 붙어 있는 연습문제를 닥치는 대로 풀었다. 실험도 매우 열심히 했다. 그러나 큰 실수를 한 적이 있었다. 내 싹이었던 오오이시大石와 황산구리 용액의 전기저항을 측정하고 있었을 때였다. 용액을 점점 묽게 만들어가면 (저항은 당연히 점점 커져야 하는데도) 증가하거나 감소하기를 반복했다.

　이상한 일이었지만, 그 원인을 좀처럼 알 수 없었다. 조교에게 물어봐도 고개를 갸웃거릴 뿐이었다. 그때 문득 이런 생각이 들었다. 나는 집에 빨리 돌아가 놀고 싶었기 때문에, 하나의 U자관에 용액을 넣어 측정하는 것이 답답하게 느껴졌다. 그래서 두 개의 U자관을 사용하여 시간을 절약하고자 했다. 그런데 두 관의 절단면이 크기가 다르다는 것을 무시하고 있었다. 그때의 실수 때문에 저항의 법칙은 두 번 다시 잊혀지지 않을 만큼 머릿속에 각인되었다.

　그 당시 점점 인기를 얻게 된 양자론에 대해서는 잘 이해하지 못했으면서도 이상한 매력을 느끼고 있었다. 영어, 독일어로 된 해설서를 몇 권 읽기도 했다. 그러나 물리를 전공하리라고는 생각해본 적도 없었다. 오히려 친아버지의 뒤를 이어 지질학을 전공해볼까 하는 생각을 가져보기도 했다. 그러나 아버지의 서재에 들어갔을 때 사방의 책꽂이에 꽉 들어찬 엄청난 전공서적들을 보고서는 그 방면의 학문이 즐겁다기보다 오히려 삭막하다는 느낌을 받았다. 실제 내 자신의 소질은 추리력에 비해 관찰력이 현저하게 떨어지기 때문에 지질학 같은 것을 전공했더라도 도저히 성공할 수가 없었을 것이다. 공과工科 방면에도 전혀 자신이 없었다. 왜냐하면 고등학교 때는 제도製圖가 가장 서툴렀기 때문이다. 와트만 종이에 오구烏口[44]로 그린 용기화에는 ABCDE 등의 점수가 매겨진다. 나는 '에'를 받을 때가 많았다. 단 영어가 아니라 독일어의 '에' 였다.[45] 아직도 오구를 닦아 윤을 내던 당시의 마음을 생각하면 한심하게 느껴진다.

  그래서 여러 가지 방황도 했지만, 졸업 무렵이 되어 결국 물리를 지망하게 되었다. 그 당시 삼고三高에서 역학을 가르치던 호리타에오堀健夫 교수와 교토대학에서 이론 물리를 연구했던 니시다 소토히코西田外彦에게 상담을 했던 것을 기억하고 있다. 대학 3학년이 되어 이론을 할지 실험을 할지 정해야 하는 시기가 되자 또 다시 방황했다. 나는 원래 실험을 싫어하지 않았다. 2학년 때는 키무라 키이치木村毅一와 함께 여름방학 중에도 매일 나와 실험을 할 정도로 열심이었다. 그것은 무엇보다 오래전에 돌아가신 나카무라

---

44. 제도할 때 선을 긋는 기구로, 끝이 까마귀 부리 같다고 하여 오구라 한다.(옮긴이)
45. 일본어 발음의 '에'는 영어로 최고점인 A를 뜻하지만, 독일어로는 최하점인 E를 뜻한다.(옮긴이)

기사부로中村儀三郎 선생님(이분이 홋카이도대학 호리堀 교수의 전임자였다)이 매우 친절하게 실험을 지도해주셨기 때문이기도 했다. 그러나 여기서도 나의 서투름이 나타났다. 그것은 유리 세공이었다.

발로 풀무를 움직여 가스버너의 불을 조절했다. 양손으로 유리관을 불에 대고 있으면 곧 붉게 변하며 말랑말랑해졌다. 적당한 때에 이것을 마음 먹은 형태대로 굽히려고 하면, 갑자기 구불구불해져버렸다. 급히 불에서 떼어내면, 이번에는 금방 딱딱해져서 전혀 생각대로 되지 않았다. 무리해서 굽히려고 하면 뚝 부러져버렸다. 결과가 아주 나빴다. 주위를 둘러보면 친구들이 재미있는 듯 여러 가지 형태를 만들고 있었다. 이것이 실험 물리학자가 되기를 단념한 직접적인 동기였는지도 모른다. 왜냐하면 당시 인기를 누리고 있던 원자 물리학의 실험에는 진공 기술이 가장 중요했기 때문이다.

물질을 구성하는 원자나 전자의 성질은 그 하나하나를 가능한 한 자유로운 상태에 놓았을 때 훨씬 잘 드러난다. 그러기 위해서는 각각의 원자나 전자들을 가능한 한 서로 떨어뜨리는 것, 즉 물질을 가능한 한 희박하게 만드는 것이 필요하다. 그것은 곧 '진공' 안에서 원자와 전자의 움직임을 연구하는 것과 다름없다. 그리고 진공 기술에서 유리 세공은 필수불가결한 것이었다. 오늘날과 같은 원자핵 물리학 시대에도 이 같은 사정에는 별반 차이가 없을지 모른다. 왜냐하면 실험장치의 중요한 부분에도 고도의 진공 상태가 요구되기 때문이다.

실로 부끄러운 이야기지만, 아무튼 이런 것 하나 하나가 그 동기가 되어 나는 이론 물리를 선택하게 되었다. 그러나 나는 오늘날의 물리학이 이론과 실험으로 나누어져 있는 것은 어쩔 수 없는 분업이기 때문에 될 수 있는 한 양쪽 모두에 정통하도록 노력해야 한다는 것을 항상 절실히 느끼고 있다. 어느새인가 자신이 순수한 이론가가 되어버린 것이 떳떳하지 못하고, 아쉽게 느껴지는 마음을 지울 수가 없다. 따라서 후배들에게도 결코 이론가가 되도록 권유하지 않는다.

어쨌든 내 진로는 이런 식으로 정해졌다. 그리고 토모나가 신이치로朝永振一郎, 1906~1979[46]와 함께 양자역학을 연구제목으로 하여 타마키玉城 선생님의 지도를 받게 되었다. 선생님의 전공은 유체역학 및 상대성 이론이었지만, 새로운 물리학의 가치에 대해서도 충분히 알고 계셨고, 본인의 기호를 벗어난 객관적인 입장에서 우리들을 지도해주셨다. 이것을 생각하면, 나는 어떻게 감사해야 할지, 아니 감사한 마음과 동시에 항상 가슴 아프게 생각한다. 선생

---

46. 1965년 쿠리코미 이론으로 노벨 물리학상을 수상했다. 유카와는 동료이자 라이벌 관계로 일컬어졌던 인물이다.(옮긴이)

님은 1938년 5월 말, 교토제국대학 교수로 현직에서 세상을 떠났다. 매년 여름 히가시야마東山의 봉우리들이 젊고 푸르게 변해가면, 선생님에 대한 추억이 간절해진다.

> 진하고 옅은 푸른 잎들이 해 질 녘의 산들을 관망하며
> 사람을 그리워하네.

대학을 졸업한 후에도 잠시 연구실에 있도록 해주셔서 그저 열성적으로 연구에 매달리고 있었다. 그때는 아직 원자핵 물리학이 넓은 의미의 원자 물리학의 한편에서 왜소해진 상태였다. 나는 이제부터 반드시 이 방면으로 진출하지 않으면 안 된다고 생각했다. 그리고 원자핵의 스핀에서 발생하는 원자 스펙트럼의 초미超微 구조의 문제를 디랙Dirac의 방정식[47]에서 시작하여 풀려고 노력하고 있었다. 그러나 곧 같은 취지로 시작했던 페르미의 계산이 발표되었기 때문에 결국 내 최초의 연구는 세상에 나오지 못하고 끝나버렸다. 그 당시 이론 물리학의 주요한 문제는 전자장의 양자역학(이른바 양자전기역학)이었다. 나는 하이젠베르크, 파우리Wolfgang

---

47. 디랙 방정식이란 영국 물리학자 폴 디랙(Paul Adrien Maurice Dirac, 1902~1984)이 1928년에 발표한 상대론적 양자 파동 방정식을 일컫는다.(옮긴이)

Ernst Pauli, 1900~1958의 이론적 결함을 어떻게 제거할 것인가라는, 누구든지 생각하지만 좀처럼 성공하지 못했던 문제에 빠져 있었다. 매일 학교에 나와 아침부터 저녁까지 공부해도 결국 같은 지점에서 멈춰버렸다. 머리도 몸도 피곤해서 집에 돌아갈 때쯤에는 석양이 서쪽 산을 물들이고 있었다. 그것을 바라보며 뭐라 말할 수 없는 절망감에 휩싸였던 때가 한두 번이 아니었다. 그때는 마음속으로 내가 이론 따위를 연구해봐야 무슨 쓸모가 있을까 하고 생각하기도 했다. 그러나 다음 날이 되면 다시 기운을 내서 공부했다.

오사카제국대학으로 옮기고 나서는 그처럼 어려운 문제는 잠시 접어두고, 원자핵이나 중간자에 관한 연구에 전념해왔다. 그러나 그 후 타마키玉城 선생님의 후임으로 다시 교토에 돌아와서는 소립자 전체를 문제로 삼지 않을 수 없게 되었다. 그리고 다시 10년 전의 난해한 문제와 정면으로 부딪히게 된 것이다. 이전과 비교하면, 실험적 사실도 풍부해졌고 내 머리도 조금은 진보해 있었다. 그래도 난관은 여전히 난관이었다. 유리 세공이 서툴러서 이론 물리를 지향했던 나는 새로운 이론의 건설이 그에 못지않게 어렵다는 것을 깨달았다. 그리고 동시에 아무리 아름답고 단단하게 보이는 이론도 (과거의 많은 실제적 예들이 보여주듯이) 언젠가는 새로운 사실에 직면하여 유리 세공과 같이 허무하게 부서지지 않을 수 없는 운명이라는 것을 깨달았다. 하지만 그렇기 때문에 그곳에서 새로운 길이 열리고, 이 학문은 영원히 그 젊음을 잃지 않을 것이다.

(1942년 11월)

소년 시절

> 소년 시절은 잊을 수 없다.
> 툇마루에 혼자 나무 집을 지었다.

남자아이 둘도 올해 아홉 살과 열 살이 되었다. 집짓기 놀이를 하며 놀던 시기는 지나가 버렸다. 한 세대는 정말 짧다. 시간은 작은 시냇물처럼 흐른다. 시냇물 밑에 남는 것은 단지 몇 개의 작은 조각돌뿐이다. 작고 예쁜 돌멩이, 사람들은 이것을 추억이라 부른다.

태어난 곳은 도쿄 아자부麻布의 이치베에쵸市兵衛町 니쵸메二丁目라고 들었다. 매화나무가 몇 그루 있어서 매년 아름다운 꽃이 피는 집이었다고 한다. 1월 말이었으니까 매화는 아직 봉우리였을 것이다. 태어났을 때는 매우 가벼웠다. 아주 작은 아이였다고 한다. 지금은 평균 신장이지만, 역시 형제들 중에서 키가 가장 작다.

이듬해 아버지는 교토의 대학으로 옮겼다. 교토에 온 최초의 이삼 년은 거의 아무것도 기억에 남아 있질 않다. 딱 하나, 어머니의 등에서 꾸벅꾸벅 졸면서 땅거미 내린 역의 다리를 건넜던 기억만이 신기하게도 아직까지 사라지지 않는다. 부모님께 이끌려 아라시야마嵐山에 다녀오던 길이었다던가. 고쇼御所의 동쪽, 나시노키梨木 신사의 북쪽 가까운 곳, 이름마저 고즈넉한 소메도노초染殿町에 이사했을 때부터 점점 추억이 선명해진다.

그 집을 우리들은 '로쿠조상六さん'이라고 불렀다. 집주인은 쿠게公卿였다. 사는 곳은 어디였을까. 얼굴조차 본 적이 없었다. 넓은 정원에는 이끼가 무성했다. 앞은 테라마치寺町의 길로, 창문 바로 옆으로는 폭이 좁은 전차가 달리고 있었다. 길을 벗어난 반대쪽은 절이었다. 우리들은 죠우켄지라고 불렀지만, 진짜 이름은 죠우죠우케인清淨華院이라는 곳이었다. 매우 유서 깊은 절로 보였는데 본당의 큰 지붕 위에는 국화 문양이 붙어 있었다. 어느 날 절 앞에 마차 몇 대가 멈춰섰다. 차 안에서 주홍색 옷, 자색 옷, 그 밖에 여러 가지 색깔의 아름다운 옷을 입은 많은 스님들이 내렸다. 머리에 쓰고 있는 모자의 형태도 긴 것, 앞뒤로 긴 것 등 여러 가지가 있었다. 관장이 천화遷化[48]해서 새로운 관장이 오는 날이었다. 어린 나는 창문으로 멍하니 이 아름다운 광경을 바라보고 있었다.

그 당시 아버지의 할머니는 나이가 많았지만 건강해서 절에 자주 왔다. 그 조모는 나를 '히짱'이라고 부르며 귀여워해주셨다. 지금도 그림 맞추기라는 장난감이 있다. 그림이 그려진 몇 개의 정육면체를 나열해서 한 장의 그림을 만드는 것이다. 그때 나는 육면체 위에 그림의 배치를 잘 기억하곤 했다. 그리고 뒤편에서 그림이 연결되도록 나열하는 것이 특기였다. 할머니는 이것을 보고 "히짱은 머리가 좋다"고 칭찬해주셨다.

다음으로 이사했던 곳은 코우진구치荒神口를 조금 올라가 카와라마치河原町와 마주하고 담으로 둘러싸인 길모퉁이의 저택이었다. 낡았지만 넓은 집이었다. 아버지는 이때부터 여러 종류의 고서와 신서들을 갖고 계셨기 때문에, 항상 창고가 있고 방이 많은 집을 택했다. 절간 같은 문의 지붕 위에는 복숭아 열매 형태를 한 기와가 놓여 있었다. 문 옆에는 휴식공간이 있었다. 현관 마루의 왼편에는 큰 호랑가시나무가 오른편에는 대나무가 한 무더기 있었고, 안쪽 뜰에는 사당이 있었다. 이번 집주인도 역시 토요오카豊岡 씨라는 도우죠카조쿠堂上華族로 자신은 서쪽의 가까운 저택에 살고 있었다. 모습은 보이지 않았지만, 날마다 '삐삐삐' 하는 단

---

48. '천화'란 천이화멸(遷移化滅)의 줄임말로, 이 세상에서의 교화(教化)를 끝내고 다른 세상의 교화로 옮긴다는 말이다. 고승의 죽음을 일컫는 말이다. (옮긴이)

조롭고 똑같은 선율이 옆 창문에서 울려왔다. 생황 피리를 연습하는 소리였다. 동심에도 실로 고즈넉한 소리라고 느꼈다.

이때 할머니는 더 이상 살아 계시지 않았다. 외할머니도 나를 매우 예뻐했다. 나는 교토의 명소를 여기저기 따라다녔다. 외할아버지도 건강하셨고 떨어진 곳에 살고 계셨다. 넓은 중간 뜰의 한쪽에 국화를 기르거나 나팔꽃을 재배하면서 여생을 즐겼다. 우리들 형제는 모두 소학교에 들어가기 전부터 할아버지에게 한적漢籍의 소독素讀[49]을 배웠다. 《대학》, 《효경》, 《논어》, 《맹자》부터 시작해서 학창시절에 《18사략》, 《사기》, 《춘추좌씨전》 등 여러 가지를 배웠다. 저녁을 먹고 나서 매일 별채로 갔다. 할아버지는 한서漢書의 큰 글자를 하나하나 지시봉으로 가리키며 읽어나갔다. 나는 내용을 전혀 모르면서도 그저 그 뒤를 따라 반복했다. "그 나무의 곰을 보면 녹색 대나무 좋을 것이다"라고 읽으며 저쪽 나무에 곰

---

49. 문장의 뜻은 생각하지 않고 글자만을 소리내어 읽는 것.(옮긴이)
50. 《시경(詩經)》의 〈위풍(衛風)〉, 기오(淇澳) 제1절에는 다음과 같은 구절이 나온다. "첨피기오(瞻彼淇澳) 녹죽의의(綠竹猗猗) 유비군자(有斐君子) 여절여차(如切如磋) 여탁여마(如琢如磨)", 즉 '저 기수(淇水) 물가를 보니 푸른 대나무가 무성하도다. 빛나는 군자가 있어 끊는 것 같고, 닦는 것 같으며, 쪼는 것 같고, 가는 것 같도다'라는 뜻이다. 하지만 어린 시절의 유카와는 한문을 제대로 읽지 못하여 이 문장을 엉뚱하게 이해했다는 뜻이다.(옮긴이)

이 있을 것이라고 생각하는 식이었다.[50]

점점 졸음이 밀려오는데도 할아버지는 좀처럼 멈추지 않았다. 결국 견딜 수 없는 지경에 이르러 얼룩진 책 위로 눈물이 주르륵 떨어지는 날도 있었다. 할아버지는 연세가 드셨어도 다리가 건강해서 매일 산책을 다녔다. 니시키코우지錦小路의 시장에까지 가서 해산물 조림을 사왔다. 머리가 하얗고, 턱 밑에도 하얀 수염을 늘어뜨린 할아버지는 기슈紀州의 사무라이로 쵸슈長州 정벌[51]에도 종군했다고 한다. 문자 그대로 옛날 사람이었다.

생일이 빨라 일곱 살에 학교에 입학했다. 고쇼御所[52]의 이시야쿠시고몬石藥師御門에 가까운 쿄우고쿠코京極校였다. 제일 큰 형이 6학년이어서 날마다 학교에 함께 갔다. 학교에 입학하자 곧 엔도遠藤라는 친구와 매우 친해졌다. 비오는 날에는 어깨동무를 하고 우천체조장雨天體操場을 뛰어다녔던 것을 지금도 생생히 기억한다. 얼마 뒤 이 친구가 갑자기 학교에 나오지 않았다. 어디로 갔는지 알 수 없었다. 나는 매우 슬펐다. 한 번이라도 좋으니까 꼭 만나고

---

51. 메이지 유신(1868) 직전인 1860년대 에도 바쿠흐(幕府)가 두 차례에 걸쳐 쵸슈한(長州藩)을 정벌하고자 했던 사건을 일컫는다.(옮긴이)
52. 메이지 초기까지 일본 천황이 거주하던 교토의 궁전.(옮긴이)

싫었다. 어느 날 밤 꿈에 나타났다. 붉은 칠을 한 누문樓門 아래서 엔도가 모르는 아이들과 함께 놀고 있는 것이었디. 그 후로는 한 번도 만난 적이 없다.

이 첫 친구와 너무 빨리 헤어진 뒤로는 좀처럼 단짝을 만나지 못했다. 그 이유는 내가 말수가 적고 부끄러움이 많아서 친해지기 어려웠기 때문이었던 것 같다. 나카무라中村라는 아이가 있었다. 얌전하고 뭐든지 매우 잘 했다. 볼록한 둥근 얼굴이었고 친근감 있는 친구였다. 혼센지本禪寺라는 절에 살고 있던 이 친구도 선생님의 아쉬워함을 뒤로 하고, 결국 다른 학교로 전학을 가버렸다. 그 절에는 염라대왕당이 있었다. 아이들 중에 누군가가 '웃는 염라대왕'이라고 불렀던 것을 기억한다. 학교에서 돌아오는 길에 우리도 그 당의 입구로부터 어두운 내부를 들여다보곤 했다. 보고 있는 사이에 화난 얼굴의 염라대왕이 점점 웃는 얼굴로 변해오는 느낌이 들었다. 갑자기 무서워져서 소리를 지르고 도망치곤 했다. 절이 많은 그 사찰 거리를 6년 동안 왕복했다. 아직도 가끔 지나다보면 그리운 추억이 하나둘 떠오른다. 짚신 주머니의 끈에 도시락 보따리를 끼워 돌리면서 희끗희끗한 감색 명주 윗도리에 고쿠라小倉의 면바지를 입고 다니던 초등학생들의 모습이 눈앞에 선명하다.

1학년 때의 담임이었던 카와무라川村 선생님은 매우 좋은 분이었지만, 전근을 갔기 때문에 2학년 때부터는 분명 시오지리塩尻 선생님에게 배웠던 것으로 기억한다. 졸업 때까지 계속 그 선생님이 담임이었다. 매우 성실한 분이었다. 선생님은 나를 매우 신뢰했다. 언젠가 학예회 때의 일이다. 무슨 이유였는지 나는 연습을 한 번도 하지 않고 연단에 오르게 되었다. 《스가하라도신菅原道真》[53]이라는 교과서의 제1장을 암송하는 일이었다. 그런데 연단에 올라가 병풍을 배경으로 많은 학생들과 학부형들 앞에 서자 첫 구절이 전혀 생각나지 않았다. 얼굴이 점점 붉어져 연단에서 내려왔다. 선생님은 나 대신에 급우였던 요코타橫田를 불러냈다. 나는 사람들과 마주하기가 부끄러워 아무도 없는 교정으로 뛰쳐 나왔다. 구석에 있는 연못 옆에 서서 멍하니 올챙이만 바라보았다. 지금 생각해도 식은땀이 흐른다. 선생님은 그때 조금도 나를 꾸짖지 않았다. 나는 마음이 더욱 괴로웠다. 5년 동안 돌봐주었던 선생님에 대한 기억은 좀처럼 지워지지 않는다. 하지만 지금은 더 이상 그 선생님도 이 세상에 없다.

    대학을 졸업해서 올해 13년째가 되었다. 이론 물리학에 뜻을 두고, 색도 향기도 없는 극미의 세계 속에서 인간과 전혀 다른 천

---

53. 스기하라 도신(845~903)은 헤이안(平安) 시대에 살았던 일본의 학자이자 정치가였다.(옮긴이)

지를 찾아냈다고 생각하며 혼자 만족하고 있다. 돌이켜보면 유년기의 환경과 현재의 생활은 매우 다르지만, 지금의 나 역시 옛날처럼 꿈은 많으나 실천력이 부족한 인간이라는 점을 절실히 느끼기 때문에 부끄러움을 감출 수가 없다.

(1942년 6월)

두 분의 아버지

내게는 두 분의 아버지와 두 분의 어머니가 계신다. 어머니는 두 분 모두 건강하지만, 양아버지 유카와 겐요는 세상을 떠난 지 이미 7년이 지났고 친아버지 오가와 타쿠지도 이번 11월 15일이면 돌아가신 지 1년이 된다. 향년은 각각 69세와 72세였다. 나는 올해 서른여섯이다. 마침 인생의 전환점을 돌고 있으니, 이제서야 겨우 절반의 인간이 되었다는 감격을 느낀다. 지금까지는 부모님이나 선배들의 힘에 의지하여 편하게 살아왔다. 이제부터는 자신의 힘으로 걸어가야 한다고 생각하면 뒤늦게 두 분의 아버지가 그리워진다. 양가도 실가도 모두 고향이 기슈紀州였던 것은 묘한 인연이었다. 따뜻한 햇볕을 받는 남쪽 지방의 산들에서는 점차 귤들이 물들어가고 있을 터이다. 마치 부모님의 따뜻한 보살핌을 받으면서 아이가 자라는 것만 같다.

> 부모님의 은혜 깊은 이 지방 산들의 귤도
> 노랗게 물들어가는 때인가.

친아버지

우선 친아버지에 대해 이야기하려고 한다. 1870년(메이지 3년), 난키타나베한南紀田邊藩의 유학자 아사이 난메이浅井南溟의 차남으로 태어난 아버지의 독서벽은 이미 유년 시절부터 형성되었으리라 생각된다. 와카야마和歌山 중학교에 입학한 열네 살 때까지 21사와 그 밖에 여러 가지 한서를 읽었던 모양이다. 후년 교토에 와서도 아버지는 모든 종류의 서적들에 흥미를 가졌기 때문에 분류할 수조차 없는 잡서들이 집안 가득히 쌓여 있었다. 몇 개의 창고가 있는 넓은 집만을 빌려 이사했던 것도 전적으로 그 골칫거리들 때문이었다. 나와 형제들은 현관에서 침실까지 쏟아져나온 서적들 안에서 싫더라도 독서가가 되지 않을 수 없었다.

열일곱 살에 아버지는 뜻을 세우고 도쿄로 왔다. 아자이가浅井家는 그다지 부유하지 않았기 때문에 형한테 일 년간의 학비를 받는 것 이상은 기대할 수 없었던 모양이다. 따라서 국비로 공부할 수 있는 해군병학교를 지원하게 되었다. 그러나 체력시험에 불합격하여 일고一高[54]에 입학하게 되었다. 입학하여 곧 "가라쿠타문고我樂多文庫" 회원에 이끌려 그 주최자였던 오자키 고요尾崎紅葉, 1868~1903[55]와도 서로 교분을 맺을 기회를 얻었다. 그 인연으로 훗날 문학 이야기가 나오면, 아버지는 특별한 친근감을 가지고 고요산진紅葉山人(오자키 고요)에 대해 말했다. 그에 반해 오우가이鷗外나 소우세키漱石 등은 거의 읽지 않았고, 그다지 흥미도 갖지 않았던 것은 좀 특이한 일이다.[56]

입학 후 2학년이 되었을 때, 같은 기슈한의 오가와小川가의 양자

---

54. 1950년 폐지되어 도쿄대학 교양학부, 치바대학 의학·약학부로 전환했던 구제(舊制)고등학교.(옮긴이)
55. 메이지 시대의 대표적 소설가로 일본 근대문학의 개척자 중 한 사람으로 일컬어진다. 식민지 시대 조선의 신소설 작가 조중환(1884~1947)은 이수일과 심순애의 이야기로 알려진 《장한몽(長恨夢)》을 매일신보에 번안했는데, 그 원작은 오자키 고요의 〈곤지키야샤(金色夜叉)〉(1897년 요미우리 신문 연재)로 알려져 있다.(옮긴이)
56. 모리 오우가이(森鴎外, 1862~1922)는 메이지, 다이쇼 시대의 유명한 소설가로 나쓰메 소세키(夏目漱石, 1867~1916)와 견줄 만 한 일본의 대표적 문호로 일컬어진다.(옮긴이)

가 되었다. 양아버지(즉 나의 어머니의 조부) 고마키츠駒橘는 젊었을 때 쵸슈정벌에 종군했고, 이후 케이오기주쿠慶應義塾[57]에서 후쿠자와 선생님의 가르침을 받았으며 후년에는 요코하마쇼우킨橫浜正金 은행에 오랫동안 근무했다. 이런 관계로 아버지는 전공학과의 선택 등에서 당시의 게이오기주쿠 교장 코이즈미 노부키치小泉信吉 선생(현 총장의 엄격한 부친)과 상담한 적도 있었던 모양이다. 그 결과 한때는 자연과학의 응용분야로서 전기공학을 공부할 뜻을 세우고 매일 도서관에서 물리학 서적들을 뒤적였다고 한다. 아버지는 원래 다방면에 소질이 있는 분이었기 때문에 물리학에 상당한 흥미를 지녔다고 해도 별반 특이하지 않다. 그리고 내가 이 방면을 전공한 것도 그 당시의 아버지의 뜻을 이어받은 것이라고 말할 수 있을 것이다.

그러나 결국 아버지는 전기공학을 단념하고 지질학을 전공했다. 아버지 자신이 밝힌 것에 따르면, 거기에는 두 가지 동기가 있었던 모양이다. 하나는 1891년(메이지 24년) 가을 노우비濃尾의 대지진이었다. 스물두 살 때 본과 2학년이 되었던 아버지는 고향 기

---

57. 메이지의 대표적 계몽주의자 후쿠자와 유키치(福澤諭吉, 1835~1901)가 설립한 사설학교로, 구한말 조선의 지식인 유길준(1856~1914)도 이 학교에서 공부했다. (옮긴이)

슈로 돌아가는 도중에 재해지의 참상을 마주하고 큰 충격을 받았다. 다른 하나는 쿠마노熊野 여행이었다. 당시 건강을 잃었던 아버지는 기력을 회복할 목적으로 와카야마和歌山에서 타나베田邊를 거쳐 유노미네湯の峰 온천에 들르고, 또 도로하츠쵸瀞八丁로부터 시오노미사키潮の岬에 도착했다. 그리고 유자키湯崎, 시라하마白浜에서 입욕하고 타나베田邊로 돌아왔다. 그 사이 아버지는 고향 산천의 웅대함에 대해 예찬의 마음을 숨기지 않았다. 시오노미사키의 등대에 올라 태평양을 바라보면서 이런 노래를 부르기도 하셨다.

대조大潮는 유유히 빠르게 물러가네	大潮奔駛去悠々
바다 귀퉁이 맨 끝의 백척 망루	海角極端百尺楼
일망一望하니 곧장 남쪽으로 3만리	一望直南三万里
뜬 구름 끝나는 곳이 바로 호주인가	浮雲尽処是豪洲

호주豪洲란 물론 오스트레일리아이다. 노우비濃尾의 들판의 지변도 향토鄕土 풍물의 천태만상도 모두 지질학의 연구대상에 다름 없다고 생각하면, 마침내 여기서 아버지의 결의가 정해졌던 것이다.

이에 비해 나는 태어난 이듬해, 즉 1908년(메이지 41년) 아버지가 지질조사소에서 교토제국대학 문학부로 옮긴 이후부터 줄곧 교토에서 자랐기 때문에 자연에 대한 태도도 달랐던 것 같다. 고

개를 들면 언제나 눈앞에 있는 히가시야마東山의 연봉連峰과 교토 일중一中 때부터 교토제국대학 때까지 10년간 매일 보고 익숙해진 카모가와鴨川의 흐름. 나에게서 자연은 아름답고 조용하고 온화한 모습이었다. 존재는 그 근원에서 항상 아름답고도 조화된 것이어야 한다는 신념은 이 환경 속에서 나도 모르게 생겨난 것인지도 모른다. 내가 이론 물리학에 뜻을 두었다는 것은 지금 생각해보면 전혀 우연은 아니었던 듯하다. 나는 아버지처럼 대지진과 만날 기회를 간발의 차이로 놓쳐버렸던 것이다. 1923년(다이쇼 12년)에 나는 삼고三高에 입학했다. 그해 8월 일고一高와 야구를 비롯한 시합이 도쿄에서 열린다고 해서 나도 응원단의 일원으로 '三'이라는 글자가 새겨진 붉은 깃발과 북들에 둘러싸여 밤새 상경했다. 시합이 끝나고 도쿄를 떠난 것은 8월 31일 밤이었다. 교토의 집에 돌아가 조금 휴식을 취하고 있을 때, 약하지만 분명하게 지진을 느꼈다. 그것은 관동대지진의 여파였다. 만약 하루 더 도쿄에 머물러 지진을 경험했더라면, 나도 아버지의 뒤를 이어 지질학을 전공했을지도 모른다.

이야기가 조금 딴 방향으로 흘렀지만, 아버지는 그렇게 일고一高시절에 지질학 전공을 결의하고, 재학 중에 지질 조사, 암석 채취 등을 위해 이미 여기저기를 방문했던 것 같다. 그리고 1896년 (메이지 29년) 대학을 졸업할 때까지 《대만제도지台湾諸島誌》라는 제목의 약 400페이지 가까운 저서를 출판했다. 졸업 후에는 지질조사소의 기사技師가 되었고, 1900년(메이지 33년) 파리에서 만국박람회 및 만국지질학회의가 열렸을 때는 최연소 기사로 참석했다. 그리고 프랑스 정부로부터 박람회의 심사위원 중 한 명으로 훈장을 수여받은 것은 훗날까지도 아버지의 자랑거리 중 하나였다. 그 기회에 프랑스의 많은 일류 학자들과 접촉했던 것은 그 후 아버지의 연구생활에 상당한 영향을 끼쳤던 모양이다. 아버지가 처음부터 끝까지 프랑스의 과학과 문화에 대한 좋은 이해자의 한 사람이었던 바탕은 그때 생겨났을 것이다.

1904년 러일전쟁 때 아버지는 대본영大本營 고요가까리御用掛[58]로서 일본군이 장악한 엔다이煙台[59] 탄광의 지질조사에 나섰다. 거기에 이어 부쥰撫順 탄광의 접수, 간도조사 등 만주에서 활약을 계속했고, 돌아오자마자 곧 교토제국대학 문학부에서 지리학을 강의했다. 이상은 모두 내가 태어나기 전의 일로, 내가 태어난 것은 아버지가 도쿄에서 생활하던 마지막 해였다.

---

58. 궁내성宮內省 등의 명을 받아 용무를 행하는 직책.(옮긴이)
59. 중국의 산동성에 위치한 도시.(옮긴이)

교토 생활

교토에 와서도 내 머릿속에 확실한 인상이 남겨지기까지는 이미 수 년이 경과한 뒤이고, 그 사이 몇 군데 빌린 집들을 전전했다. 가족은 양친과 아이들이 일곱이었고, 위에 두 명은 여자, 남자는 다섯 명, 나는 3남이었다. 거기에 어머니의 조부모, 아버지의 조부도 함께 살았기 때문에 그야말로 대가족이었다. 게다가 처음에 말한 것처럼 장서가 늘어가는 시기였기 때문에 점점 넓은 집으로 이사하지 않으면 안 되었다. 가와라마치河原町 히로코우지広小路의 집에서는 비교적 오랫동안 거주했다. 나는 거기서부터 교우고쿠京極 소학교에 다녔고, 또 코우진바시荒神橋를 건너 교토 일중一中이나 삼고三高에도 통학했다.

가족이 많아서 집안은 항상 북적거렸다. 식사를 할 때 어머니는 많은 아이들에게 밥을 퍼주느라 정신이 없었다. 형제들끼리 싸움도 자주 일어났다. 나는 남자 형제들 중에서 한 가운데였기 때문에 언제나 싸움의 중심에 있었다. 형에게 덤벼들다가 몇 번이나 울었는지 모른다. 어머니는 일곱 명의 아이들 한 명 한 명에게 정말 공평하고 아낌없는 애정을 쏟아주셨다. 누구 하나 삐뚤어지거나 불평을 말할 여지조차 없었다. 그것은 대단한 노력이었다고 생각된다.

아버지도 어머니처럼 다섯 명의 남자 아이들을 각각의 방면에서 독립시키기 위해 얼마나 애썼는지 모른다. 그러나 표면적으로 봤을 때 아버지는 "자식을 과도할 정도로 아끼고 사랑했다"고 할 정도는 아니었다. 나를 안아주었던 적은 한 번도 없었던 것으로 기억한다. 내게는 아버지가 조금 무섭게 느껴지기조차 했다. 선천적으로 말수가 적었던 나는 아버지 앞에 서면 제대로 말을 할 수조차 없었다. 아버지는 어느 누구와도 활기차게 이야기하는 것을 좋아했기 때문에 나의 침묵은 마음에 들지 않았던 모양이다. 훗날 이미 다른 집 사람이 되어 있던 내가 가끔 방문하면 아버지는 기다리고 있다가 두 시간이든 세 시간이든 이야기를 쏟아내지 않으면 성이 차지 않아 했다. 나는 편안하고 즐겁게 그것을 들으면서 어렸을 때는 왜 아버지가 그렇게 무섭게 느껴졌을까 의아하게 여기지 않을 수 없었다.

지질학이라는 전공의 특성상 아버지는 가끔 여행을 떠났다. 중국에도 가끔 가곤 했다. 집에 있어도 서재에서 글을 쓰느라 많은 시간을 소비했다. 일년 내내 바쁘게 살았음에도 불구하고, 아버지는 매우 많은 취미를 갖고 있었다. 취미와 전공의 경계가 명확하지 않을 정도였다. 서화, 도검, 바둑과 같은 것은 완전히 취미였지만, 자신에게는 일가의 견식을 구비한 것들이었다. 아호도 여러 가지였는데, 만년에는 여주如舟라는 것을 주로 사용했다. 지리학은 지질학에 이은 전공이었는데, 고고학과 같은 것은 취미와 전공의 중간 지점에 있었다고 말할 수 있을 것이다. 큰형은 야금, 작은형은 동양사, 나는 물리, 아래 남동생은 중국 문학, 막내 남동생은 탄광회사 등 다섯 형제는 모두 조금씩 다른 방면으로 진출했는데, 그것은 아버지의 다방면에 대한 관심을 그대로 반영한 것이었다.

요컨대 아버지는 일생을 대단히 활동적으로 보냈다. 1930년 향년에 교토제국대학 이학부를 떠난 뒤에도 무언가의 일에 쫓기고 있었다. 그리고 젊은 패기를 가득 지닌 채 돌연 심장마비로 쓰러졌다. 그러나 그것은 오히려 아버지의 바람이었을지도 모른다. 나 같은 사람에게는 활동을 그만둔 아버지의 모습을 상상하는 것이 도저히 불가능했다.

생전에 아버지는 나에게 별로 훈계를 하지 않았다. 그러나 기회 있을 때마다 아버지가 다른 사람들에게 했던 몇 마디의 말이 어느 새인가 내 마음속에 스며들었다. 아버지는 자주 "그런 획일적인 것으로는 안 돼"라고 말했다. 나는 어렸을 때, 무엇이든지 자세한 부분까지 확실하게 하지 않으면 안 되는 성격이었다. 성장하면서는 이렇게 작은 것에 일일이 구애 받는다면 좀처럼 대성할 수 없다고 느꼈다. 그리고 언제나 아버지의 말씀을 떠올려 내 마음을 안정시키려고 노력했다. 그것은 동시에 사고방식에 융통성과 유연성을 부여하는 것을 의미했다. 스스로의 연구가 정체되었을 때도 그것은 항상 도움이 되었다.

양아버지

친아버지에 대해서는 이 정도로 이야기하고, 다음은 양아버지 유카와 겐요에 대해 이야기하기로 하자. 소우세키漱石의 《행인行人》을 읽어본 사람들은 다음 한 소절을 기억할지도 모른다.

자신은 이렇게 하고 있는 사이 매일 오전 중에 회진하는 원장을 알게 되었다. 원장은 대개 검은 모닝 코트를 입고 의사와 간호사 한 명씩을 데리고 왔다. 옅은 검은색 콧대를 가진 멋진 남자로 말투나 태도도 그 용모가 표현하듯 품격이 있었다. 미사와三澤는 원장과 만나면 의학상의 지식을 전혀 가지고 있지 않는 자신과 비슷한 수준의 질문을 하고 있었다. 아직 여행 등을 하기는 쉽지 않겠지요? 궤양에 걸리면 위험합니까? 이렇게 입원을 결정했던 것이 지금 생각하면 역시 좋은 결정이었을까요? 등의 질문을 들을 때마다 원장은 '예 그렇습니다' 정도로 간단하게 응답했다.

이것은 미사와라는 인물이 위궤양에 걸려 오사카의 어느 병원에 입원하고 있을 때의 이야기이다. 이것이 기타하마北浜의 위장병원 원장이었던 당시의 양아버지 겐요를 모델로 한 것임에는 틀림없다. 왜냐하면 소우세키는 위궤양에 걸려 아버지의 병원에 입원하고 있었기 때문이다. 《나쓰메 소세키夏目漱石》에 의하면, 그것은 1908년(메이지 41년)의 일이었다. 아버지는 그 문호를 죽게 놔둘 수는 없다며 매우 잘 보살폈을 것이다. 소우세키는 아무튼 병이 나아서 도쿄로 돌아갔다. 아버지는 《행인》에 나오는 것처럼 언제나 모닝 코트를 입고 진찰했고, 환자에게는 매우 말수가 적었다.

 양아버지는 역시 기슈의 사카베坂部 집안 출신으로 어렸을 때의 이름은 죠자부로讓三郎였다. 사카베는 대대로 상당한 무사 집안이었는데, 양아버지의 선대 시대에 가산을 탕진하고, 저택과 논밭을 잃었던 모양이다. 양아버지는 와카야마 현립사범학교를 졸업하여 기타이比井 사키무라崎村의 소학교에 봉직함과 동시에 같은 마을의 유카와 겐세키湯川玄碩의 양자가 되었다. 유카와가는 대대로 의업을 하고 있었기 때문에 양아버지도 가업을 잇게 되었고, 이름도 겐요로 고쳤다.

 기타이 사키무라는 안친安珍·기요히메清姫의 전설로 유명한 도우죠우지道成寺가 있는 히다카가와日高川 하류로부터 약간 서북쪽 바닷가에 있다.[60] 유카와가는 기타이 만灣을 바라보고 있어서 전망은 좋지만, 가끔 지진해일(쓰나미)의 피해를 입기도 했던 것 같다. 겐세키는 종신 교장으로서 마을을 돌보고 있었다. 양어머니의 이름은 미찌道였는데, 양조부가 마을에 새로 도로를 열었을 때 태어났기 때문에 그것에 비유하여 지었던 이름이다.

양아버지는 그 후 교토부립의전(지금의 부립의대의 전신)을 나와 시코쿠四國의 이요伊予(지금의 에히메현愛媛縣)에 개업했고, 이후 기슈로 돌아와 고보우御坊에 개업했다. 그 당시 출판했던 《위장병 요양 신서胃腸病療養新書》라는 책이 매우 잘 팔렸기 때문에 그 인세로 독일에 유학했다고 전해지고 있다. 돌아와서는 오사카에 위장병 전문병원을 개업했다. 매일 아침부터 오후 3시경까지 계속해서 평균 백 명 정도의 외래환자를 진단하고, 그 후 먼 곳까지 왕진하는 것은 매우 가혹한 노동이었던 모양이다. 그 때문에 심장에 무리가 와서 장남 세이요우蜻洋에게 가업을 물려주고 계속 요양을 하게 되었다.

양아버지도 친아버지처럼 매우 바쁜 원장 시절 때부터 취미에는 열심인 편이었다. 서화도 많이 모았다. 자택에서는 때때로 차

---

60. 안친·기요히메의 전설이란 기슈 지방에 내려오는 이야기로, 소녀 기요히메가 짝사랑했던 승려 안친에게 배신당하자 뱀으로 변신하여 도우죠우지의 범종 안으로 피신한 안친을 불태워 죽인 내용이다. (옮긴이)

도회를 열었다. 벼루는 특히 자랑거리였다. 칠석七石이라는 아호도 당시 소지하던 벼루에 진귀한 일곱 면이 있다는 것과 관계된다. 내가 유카와가에 들어간 것은 양아버지가 세상을 떠나기 3년 전으로, 당시 양아버지는 외출도 자주 하지 않고, 종일 책상 앞에만 앉아 있었다. 말을 하게 되면 숨이 가빠지기 때문에 말수도 자연스럽게 적어졌다. 그러나 새로운 부모는 세파에 익숙하지 못한 나를 친절하게 대해주고, 그리고 항상 신뢰해주던 마음은 잘 알 수 있었다. 양아버지의 곁에서 생활한 것은 불과 3년이었지만, 무언가 긴 세월을 함께 한 느낌이다.

집은 우치아와지마치內淡路町에 있어서 오사카 시내라고는 생각할 수 없을 만큼 조용한 곳이었다. 그 당시 나는 오사카제국대학 이학부로 전근하게 되었다. 집을 나와서 나카노 시마中ノ島의 대학에 가까워짐에 따라 거리의 떠들석함이 더해갔다. 교토의 조용한 환경에 있던 나는 여기서 무언가 일을 하지 않으면 안 될 것 같은 활기찬 기운을 느꼈다. 그리고 1935년 초에 첫 번째 논문을 발표했다. 하지만 그 여름 (내 일이 세상에 인정받기 이전에) 양아버지는 심장마비로 세상을 떠났다. 생전에 무엇 하나 효도를 할 수 없었던 것이 너무나 후회스럽다.

나오며

두 분의 아버지에 대해 쓰기 시작하면 끝이 없겠지만, 이 정도로 마무리하고자 한다. 두 분의 어머니에 관한 이야기도 다음 기회에 할 생각이다. 아버지는 두 분 모두 양자였고, 본가뿐만 아니라 양가로부터도 큰 도움을 받지 못한 채 거의 혼자의 힘으로 자신들의 업적을 이루었다. 그것과 비교하면, 나는 정말 행복했다. 그리고 나에게는 그런 만큼 나라와 세상을 위해 더욱 힘써야 할 의무가 있다는 것을 통감한다.

제 3 부

과학과 교양

깊고 멀다고 생각되는

천지 안의 작은 별에서 태어나

물리학에 뜻을 두고

어떤 인연이었는지 물리학에 뜻을 두게 되었다. 그런데 이 길에 들어와서는 나처럼 젊은 사람들에게 물리학은 실로 고마운 학문이라는 것을 점점 깨닫게 되었다. 왜냐하면 진보가 매우 빠르다. 새로운 연구영역이 계속해서 열린다. 10년이나 20년이 지나면, 학문의 중심이 완전히 변해버린다. 후배는 선배가 하고 있는 분야를 놔두고 새로운 분야로 나아가게 된다.

따라서 선배의 입장에서 보면 후배는 자신이 모르는 새로운 지식을 가지고 있다. 선배는 좀처럼 후배를 따라잡지 못한다. 서둘러 물러나 후배에게 길을 양보하려고 한다. 거기서 젊은 친구는 아무튼 실력 이상의 위치에 서지 않을 수 없게 된다.

그런데 후배 입장에서 보면 의지할 만한 선배가 일선에서 물러나는 일은 매우 곤란하기 때문에 어떻게든 떠나지 못하게 하고 싶어 한다. 물론 자신들은 조금 더 새로운 것을 알고 있을지 모른다. 그러나 대신 그 이상으로 소중한, 그리고 아주 오래 전에 연구가 끝나버린 문제에 대한 지식과 경험을 갖고 있지 못하다. 선배는 선배로서 젊은 친구들이 도저히 따라올 수 없는 귀중한 체험을 갖고 있는 것이다. 그럼에도 불구하고 후배의 실력을 높이 평가하며 길을 양보하려 한다. 후배 입장에서는 고맙지 않을 수 없다. 그리고 선배를 존경하는 마음이 커지게 된다.

이처럼 선배와 후배가 서로를 존중하고 인정하는 현재의 물리학계에서는 뭐라 말할 수 없는 온화한 분위기 속에서 이 방면의 학문이 점점 융성해가고 있다. 이런 분위기가 된 것도 근원을 찾아보면 원로한 선생님들의 덕택으로, 이 점에 관해 젊은 친구들이 현재의 물리학계에 대해 고마움을 느끼고 있는 것은 얼마나 행복한 일인가?

물론 물리학계 이외의 다른 방면에서도 내부로 들어가보면 비슷한 사정이 있을지 모른다. 그러나 나는 이것을 당연한 것이라고 생각하지 않는다. 이 은혜에 익숙해져서 조금이라도 자만하게 된다면, 그때는 벌을 받게 될지도 모른다.

(1943년 4월)

과학과 교양

교양에 대해 무언가를 써달라는 의뢰가 있었지만 나처럼 자연과학을 전공하는 사람에게 교양 같은 막연한 제목은 전혀 익숙하지 않다. 오늘날 자연과학 중에서 이론 물리학 같은 것을 보면 매우 추상적이어서 수학이나 철학 등과도 별반 차이가 없어 보이지만 실제로 물리학자들이 이론을 구성해 갈 때는 구체적 자연현상들을 끊임없이 염두해두는 것이다. 공허하게 物物을 생각하는 것은 물리학자에게 고통스럽기도 하고 위험하기도 하다.

교양이라는 말도 역시 어떤 정해진 대상에 대한 지식의 습득을 의미하겠지만, 그 대상이 무엇인가는 오히려 부차적인 것으로, 지식의 습득에 의해 개개의 지식 이외에 뭔가 좋은 것을 얻는, 자기 자신 안에 좋은 변화를 불러올 수 있는 점에 주안점을 둘 것이다.

원래 자연과학에 관한 서적은 '무엇'이라는 대상의 해명에 중점을 두고 독자가 이것을 완독하여 필요한 지식을 얻게 된다면 그것으로 목적의 대부분은 이루어진다. 그런 의미에서 그것들이 많든 적든 교과서 풍으로 쓰여져 있는 것은 당연한데, 특별한 목적없이 단순히 교양을 얻으려는 막연한 기분으로 읽는 사람들에게는 그것이 반드시 적합하지 않은 경우가 많다. 특히 일본의 자연과학 서적들에는 교과서의 수준을 넘어 개성이 확실한 것이 비교적 적은 듯싶다.

이것은 우선 과학지식의 보급이 여전히 충분하지 않기 때문에 독자들에게 많은 예비지식을 요구하기란 곤란하고, 따라서 자연스럽게 초보적인 부분에 많은 지면을 소비할 수밖에 없는 이유 때문일 것이다. 그러나 같은 정도의 유사한 내용을 가진 책이라도 저자의 태도 여하에 따라 독자가 받는 감동에 큰 차이가 발생하는 경우도 드물지 않다. 특히 저자 자신의 연구 분야에 관한 지식은 저자 안에 충분히 침투해 있기 때문에 독자들도 책에 쓰여진 말에 의해 알게 모르게 저자와 만나게 된다. 이에 반해 저자 자신이 말하고자 하는 것이 없고 단지 다른 학자들의 연구를 소개하는 데 머무는 경우, 독자들은 같은 말에 대해서도 그것을 단지 지식으로만 받아들이기 쉽다.

이런 의미에서 어떤 자연과학 서적이 진실로 일반인의 교양에

도움이 되는가 아닌가는 주로 저자의 마음 자세나 의지 등이 그 내용을 통해 전해지는가 아닌가에 달려 있다고 생각된다.

(1939년 6월)

진실

현실은 간절하다. 모든 달콤함이 배척된다. 현실은 예상할 수 없이 변모한다. 모든 평형은 아침 저녁으로 파괴된다. 현실은 복잡하다. 모든 지레짐작은 금물이다.

그럼에도 불구하고 현실은 그 근저에서 항상 간단한 법칙에 따라 움직인다. 달인達人만이 그것을 통찰한다.

그럼에도 불구하고 현실은 그 근저에서 항상 조화를 이룬다. 시인詩人만이 그것을 발견한다.

달인은 적다. 시인도 적다. 우리 범인凡人들은 항상 현실에 매달리는 경향이 있다. 그리고 현실처럼 변모하고 현실처럼 복잡하게 되거나 현실처럼 불안하게 된다. 그리고 현실의 배후에 보다 광대한 진실의 세계가 펼쳐져 있다는 것을 깨닫지 못한다.

현실 밖의 어디에 진실이 있는가를 묻지 마라. 진실은 이윽고 현실이 된다.

(1941년 1월)

미래

　감정은 현재 안에서 과거를 살고자 한다. 기억은 과거를 개별적으로 재현한다. 어떤 경우에는 감정이 기억의 배경이 되고, 어떤 경우에는 오히려 기억이 감정 뒤에 나타난다.
　감각은 현재를 현재로서 산다. 이해는 현재 있는 것들끼리, 나아가 현재의 것과 과거의 것을 연결시켜 정돈한다.
　이것들은 어느 것이든 우리들을 직접 미래와는 연결시키지 않는다. 인간은 좀처럼 미래에 대해서 무기력하다.
　미래에 대한 무정형의 열정을 가진 사람은 드물지 않다. 그러나 그 열정이 분명한 형태를 취하고 이성에 의해 조직되는 것은 드물다. 나아가 매우 소수의 사람에게만 부여된 통찰력과 매우 드물게 나타나는 창의에 의해 비로소 현재 안에서 미래를 보고, 현재 안에서 미래가 만들어지는 것이다.

과거는 내버려두면 도망가 버린다. 사람은 기억과 감정에 의해 이것을 잡아둔다.

미래는 싫더라도 다가온다. 많은 사람들은 수수방관하며 이것을 기다리고 있다. 어쩌면 쉽게 사람을 빠지게 하는 감각과 감정 안에 미래는 드물게밖에 포함되어 있지 않기 때문이다. 그리고 미래에 대한 열정에는 배경이 되는 것을 부여하기가 곤란하기 때문이다.

그러나 소수의 사람들은 미래를 설계하기 위해 끊임없이 노력한다. 그들의 정열을 지지하는 것은 '과학'이다. 과학은 무엇이 결국 가능한지를 가르쳐준다. 이것이야말로 미래를 향해 열린 유일한 창이다.

(1941년 1월)

일식

오사카에 오고 나서 5년 가까이 흘렀다. 그 사이 천지의 변화가 여러 번 일어났다. 인간 사회에도 많은 사건들이 일어났다. 세계의 물리학계에도 그에 뒤지지 않을 정도로 많은 일들이 일어났다. 그러나 학계만큼은 평온무사하지 않는 것이 바람직하다.

나는 하루의 대부분을 오사카시에서도 특히 교통이 번잡한 나카노시마中ノ島의 한 모퉁이에서 지낸다. 거리의 번잡함은 내 방에까지 거의 미치지 않지만, 건물을 한 발자국만 나서면 택시와 트럭, 오토바이가 쉴 새 없이 눈앞을 통과한다. 환경은 사람을 감화시킨다고 한다.[61] 그러나 나는 여전히 주위 세계와 관계없는 일을 하고 있다. 사회가 그것을 용인해주는 것에 대해 충분히 감사하지 않으면 안 된다. 종이와 연필, 서적만으로 살고 있는 나의 일상은

매우 단조롭기 때문에 추억으로 남는 것은 거의 없다.

단지 하나 잊을 수 없는 일은 이번 여름의 일식이다. 물론 관측을 한 것은 아니다. 태양이 마침 하늘에서 사라지고 있을 때, 옆 실험실에 있던 파라핀에 불이 붙어 흩날린 관계로 그곳에 있던 우리들이 화상을 입은 일이다. 다행히 큰일은 일어나지 않았지만, 아직도 손등에 옅은 찻색의 흔적이 남아 있다. 일식과 아무런 인과관계도 없는데도 매우 안전한 일을 하고 있는 내가 부상을 입은 것을 모두가 이상하게 생각했다.

미개인은 일식이 일어나면 지상에도 무언가 나쁜 일이 일어날 것이라고 두려워했다. 우리들은 그것을 우스꽝스럽게 생각한다. 우리들은 멀고 먼 곳에 있는 태양이 역시 먼 곳에 있는 달의 배후에 숨는 시각을 몇 년 전부터 아주 정확하게 예측할 수 있게 되었다. 그러나 우리들은 종종 자신의 신상에 무슨 일이 일어날지 그 순간까지 모르고 있다는 점에서는 미개인들과 별반 다르지 않다. 학문이 진보하면 모든 것을 예측할 수 있게 될까? 근대 물리학은 미래를 확실히 알 수 없다는 것이 진실이라고 한다. 그렇다면 미

61.《맹자(孟子)》진심(盡心) 상(上)에는 "거이기(居移氣) 양이체(養移體)"라는 말이 나온다. 그 뜻은 "사람은 처한 환경이 달라지면 기상(氣象)이 달라지고, 먹고 입는 것에 의해 몸이 달라진다"는 것이다.(옮긴이)

래에 대한 우리들의 모험은 항상 사라지지 않는다는 각오를 해야 한다. 그러나 그곳에야말로 희망이 있는 셈이다.

(1936년 12월)

눈의 여름 휴식

8월 초부터 오른쪽 눈이 충혈되어 좀처럼 낫지 않았다. 의사한테 진찰을 받아본 결과, 세균이 침투했다고 하기에 약을 먹거나 붕산으로 차갑게 마사지를 했다. 10일 정도 지나 충혈이 거의 나았기에 미뤄뒀던 편지의 답장과 원고 쓰기를 이틀 가량 했다. 그런데 다시 눈이 부어올라 희미해졌다. 의사에게 진찰을 받자 이번에는 붕산으로 따뜻하게 맛사지하는 편이 좋다고 해서 충실하게 실행했다. 2주 정도 지나자 나은 듯싶었다. 그러나 그 후에도 눈이 쉽게 피로해지고 글씨가 작은 책이나 신문 등을 오래 읽을 수 없는 상태가 한동안 지속되었다. 작년에는 이 증상도 거의 사라진 것처럼 느꼈다.

아무튼 이런 식으로 8월부터 9월 초까지 꼬박 한 달 정도는 신체가 건강했음에도 불구하고 어쩔 수 없이 집에 틀어박혀 있었다. 그 사이에 신문도 읽지 못하고 편지 한 통 쓸 수조차 없었다. 왼쪽 눈은 잘 보였지만, 한쪽 눈으로는 곧 피로해졌기 때문에 모처럼 건강한 눈까지 아프면 큰일이라고 생각했다.

 내 평생의 일은 읽는 것과 쓰는 것, 생각하는 것, 그리고 사람들과 학문적인 의견을 교환하는 것이다. 읽고 쓰는 것은 단념했다. 집에 있으면 다른 사람들과 말할 기회가 적었다. 가끔 손님이 찾아오더라도 무슨 이유인지 이야기에 신이 나지 않았다. 생각하는 것만은 눈이 부자연스럽더라도 전혀 상관없을 터였다. 그럴 때일수록 평소 깊이 생각해볼 기회가 없었던 문제들을 천천히 생각해 보기로 했다.

 그런데 의자에 앉아 눈을 감고 있으면 시간이 흘러도 생각이 정리되지 않았다. 마음의 눈이 열리는 것 같은 경지에는 도달할 수가 없었다. 이것은 대체 무슨 일인가? 우리들 마음의 움직임은 외계와 독립하여 운영되는 것이 아니다. 항상 외계로부터의 자극에 촉발될 때라야 생기발랄한 활동을 지속할 수 있다. 우리들을 둘러싼 세계, 거기서 끊임없이 일어나는 변화, 그것이 눈을 통해 우리들의 마음에 자극을 전해준다. 보이는 세계, 그 중심에 있는 자신이다. 눈을 감으면 남는 것은 허무한 마음뿐이다. 많은 위대한 사람들의 사상, 그것이 활자가 되어 책 안에 남겨지고 널리 오랫동안 사람들의 마음속에 양식이 된다. 이 양식은 눈을 통하여 섭취된다. 눈을 감는 것은 마음의 단식을 의미한다. 마음의 공허는 공복과 같이 견딜 수 없다. 하루라도 빨리 나아서 공복을 채우고 싶다는 마음이 간절하다.

물론 우리들의 마음이 외계와 연결되는 통로는 눈만이 아니다. 여러 가지 감각기관은 어느 것이든 어떤 의미로든 통로가 된다. 그러나 눈의 역할을 조금이라도 대신할 수 있는 것은 귀뿐이다. 귀는 외계에서 일어나는 여러 가지 소리와 음성의 통로이다. 소리의 세계, 거기에도 많은 아름다운 것들이 존재한다. 그러나 그것은 빛의 세계처럼 연속적이고 안정적이며 정연한 것이 아니다. 소리, 그것은 변덕스러운 것이다. 발생했다고 생각하면 곧 사라져버린다. 빛과 같이 끊임없이 충실하게 자연의 모습을 전해주는 것이 아니다. 소리, 그것은 사람 마음의 가장 미묘한 움직임까지도 정확하게 전달하는 힘을 지니고 있다.

라디오라는 것도 있다. 그러나 멀리 있는 사람, 이미 죽은 사람의 사상을 수시로 우리들 앞에 전개할 수 있다는 점에서 책은 다른 것들과 비교할 수 없는 힘을 지니고 있다. 우리들은 평생 책이 부족하다고 느끼지 않는다. 오히려 책의 범람이 괴로울 지경이다. 그리고 흔히 종이의 문화적 가치를 낮게 평가하는 경향이 있다. 그러나 일단 책, 잡지, 신문 등으로부터 단절되면 그것들이 우리들에게 얼마나 소중한 것인지를 즉시 깨닫게 된다. 눈, 그것은 종이 문화와 단절할 수 없는 마음의 창이다. 이 창을 통해서 빛이 마음에 비춰지는 것이다. 귀, 그것은 도저히 눈의 절반쯤의 역할도 할 수 없다.

내 마음은 예년보다 서늘한 8월의 날들이 허무하게 지나가는 것에 대한 아쉬움으로 가득했다. 눈을 사용하지 않고 처리하는 일, 그런 것들은 내 곁에는 아무것도 없었다. 나는 보이지 않는 사람이 얼마나 불행한가를 절실히 느낄 수 있게 되었다.

> 태어나면서 눈이 보이지 않는 사람
> 더욱이 전장에서 사라져버린 사람.[62]

오늘도 살아서 이 아름다운 세계를 볼 수 있는 것을 나는 마음속으로 감사하지 않으면 안 된다.

(1941년 9월)

---

62. 이 단가는 선천적으로 눈이 보이지 않는 사람도 있고, 전쟁터에서 죽은 사람도 있지만, 나는 다행히 눈도 멀지 않았고, 전사하지도 않았다. 따라서 그들을 대신해서라도 더 열심히 학문연구에 매진하고자 한다는 유카와의 다짐을 표현하고 있다.(옮긴이)

독서와 저작

 독서는 인생의 큰 즐거움 중 하나이다. 한 권의 책을 손에 쥐고 있으면, 그 즐거움은 때와 장소를 가리지 않고 맛볼 수 있다. 반드시 등불과 친숙해지는 계절을 기다리지 않아도 된다. 봄, 여름, 가을, 겨울 모두 가능하다. 하루의 늦더위가 물러간 저녁 무렵, 창문을 열어 산들바람을 부르고 모깃불을 피워 밝은 전등 밑에서 차분하게 책을 읽는 일은 정말 고맙고 소중한 것이다.
 내 평생의 일은 읽는 것, 생각하는 것, 쓰는 것, 말하는 것 등이다. 그중에서 '생각하는 것'은 굳이 언제라고 한정하지 않는다. 언제 어디서나 가능하기 때문이다. 저녁밥을 먹으면서도 생각할 수 있다. 붐비는 전차 안에서도 가능하다. 특히 밤에 이불 속에 들어가 생각하면 머리가 점점 맑아져 좋은 아이디어가 떠오르는 경우도 많다. 다음 날 아침에 일어나 생각해보면, 전혀 쓸모 없는 착각에 지나지 않는 경우도 있지만, 종종 낮에는 도저히 생각할 수 없는 새로운 착상이 떠올라 그것이 작업의 동기가 되는 경우도 적지 않다.

다음으로 '쓰는 것'에는 두 종류가 있다. 하나는 착상을 수식으로 표현하여 계산을 진행시키고, 그 결과를 경험적 사실과 비교하는 경우이다. 이것은 생각하는 것의 직접적인 연장이라고 봐도 좋다. 이 의미의 '쓰는 것'은 하나의 전문적인 논문이 완성될 때 일단 종결된다. 다른 하나는 어떤 외부적인 사정 때문에 특별히 펜을 잡는 경우이다. 현재 내가 이 짧은 글을 쓰고 있는 것도 그런 경우이다. 그것은 좀처럼 쉬운 일이 아니다. 특히 그것이 장편이라면 고통은 더해진다. 하물며 그것을 종합해서 한 권의 책으로 만든다면 정말 큰일이다.

독서가 인생의 큰 즐거움인 것에 비하면 저작에는 괴로움이 있다. 그렇게 이루어진 것에는 언제나 불만족한 점이 많기 때문이다. 적어도 내 자신의 경우에는 책을 세상에 출판한 뒤에 정말 좋았다라고 생각한 적은 거의 없다. 완성된 책을 보면 항상 여러 가지 결함이 눈에 띄어 안절부절 못하게 된다. 그러나 그것도 결국은 내 자신의 노력이 부족한 것이라고 반성하지 않을 수 없다.

거꾸로 말해서 저작의 노고가 많으면 많을수록 그것을 읽는 사람의 즐거움이 증가한다면 노고는 충분히 보상받는 셈이다. 그렇게 생각하면 어떤 짧은 글이라도 소홀히 할 수가 없게 된다. 그러나 내게는 전공 이외의 글을 쓰는 것이 결코 쉽지 않다. 또 전공의 범위 안에서도 동일한 문제의 통속적인 해설을 자주 하지 않으면 안 되는 것은 고통이다. 그것이 다소나마 과학의 보급에 도움이 된다고 생각하면 더욱 그렇다.

따라서 나 같은 전문가들이 이제부터 담당해야 할 의무는 오히려 정도가 높은 진정한 전문서의 집필에 있지 않을까 생각한다. 특히 현재처럼 외국 서적의 수입이 중단된 때에는 양적 질적으로 연구의 전거가 될 만한 서적들이 각 분야에서 출판되는 것이 바람직하다. 그런 요구가 강해짐에 따라 그것을 쓰는 사람의 고통은 클 것이다. 그것은 도저히 틈틈이 할 수 있는 일이 아니다.

그런데 책의 집필을 의뢰받는 사람은 항상 다른 많은 일들을 하고 있다. 게다가 같은 저서를 여기저기서 동시에 의뢰받아 곤란한 경우도 많다. 이것이 진정으로 좋은 전문서적들이 세상에 나오기 힘든 이유이다. 따라서 정말 가치 있는 전문서적들을 세상에 많이 펴내기 위해서는 우선 한 사람의 저자에게 같은 책을 여러 권 부탁하지 않는 것, 그리고 저자가 다른 일들로부터 해방되어 한 권의 책을 완성하는 데 전념할 수 있는 시간을 갖는 것이 필요하다고 생각된다. 그러나 말하기는 쉽지만 그것은 좀처럼 실현되기 힘든 일이다. (1941년 9월)

말하는 언어, 쓰는 언어

무언가를 써달라고 부탁받을 때마다 항상 떠오르는 생각은 입으로 말한 것을 그대로 문장으로 바꿔 버리면 얼마나 편할까라는 것이다. 그러나 이 같은 바람은 좀처럼 실현될 것 같지가 않다. 그 이유는 첫째 오늘날 일본어에서 쓰는 언어와 말하는 언어 사이의 간극이 매우 크다는 것. 둘째 나같이 말재주가 없는 사람의 말을 그대로 써서는 도저히 논리가 통하는 문장이 되지 않는다는 것이다. 여러 회의에 출석할 때마다 부럽게 생각하는 것은 연단에서의 즉석 연설에 재주가 있는 사람이 많다는 것이다. 나 같은 사람은 무슨 말을 하더라도 횡설수설하고 만다. 라디오의 강연 등은 원고대로 진행하면 되기 때문에 나름대로 편리하지만, 시간이 정확히 정해져 있어서 조금이라도 다른 이야기를 하게 되면 본래의 이야기로 되돌아오기란 좀처럼 힘들다.

 그렇다고 쓰는 것이 편리하고 말하는 것이 어렵다고 단정할 수도 없다. 자신의 전공에 관해서도 말로 하게 되면 상당히 미묘한 느낌 등을 비교적 쉽게 전할 수 있지만, 그것을 빠짐없이 문장으로 표현하기는 도저히 불가능하다. 간단한 것이라도 매우 어렵게 말을 돌려 표현하지 않으면 정확하게 쓸 수 없는 경우도 있다. 특히 전문적인 술어의 경우, 예를 들어 말할 때는 메소트론mesotron으로 해결되지만, 그것을 일본어로 쓸 때는 중간자나 다른 무엇인가로 번역하지 않으면 역시 어딘가가 어색하다. 메소트론은 언제나 메소트론으로 괜찮다는 의견도 있을 테지만, 쓰는 언어와 말하는 언어의 이중성은 현재의 일본어가 가진 본질적인 성격의 하나여서 그 사이의 장벽은 좀처럼 간단히 제거할 수 없다고 생각된다.

 물론 일본어를 보다 좋게 하기 위해서는 쓰는 언어와 말하는 언어 사이의 간극을 가능한 한 좁히는 일이 매우 중요하다. 쓰여진 문장을 그대로 말하는 경우 장벽이 되는 것은 발음이 유사한 한자어, 특히 발음이 같고 의미가 다른 숙어가 적지 않다는 점이다. 예를 들어, 단순히 키칸(キカン)이라고 말해서는 그것이 어떤 한자어를 표현하고 있는지 전혀 알 수가 없다.[63] 오늘날 라디오의 발달에 힘입어 발음만으로 의미의 판별이 가능하도록 일용어를 정리하는 것, 다시 말해서 가능한 한 말하는 언어로 쓰도록 노력해야 할 필

요성이 증가했다. 하지만 동시에 쓰는 언어로 말하는 것, 바꿔 말하면 간결하고 이치에 맞는 표현을 선호하는 것은 쓰는 경우에도 말하는 경우에도 변함이 없다. 즉 일본어를 정말로 사랑하고 그것에 익숙해지는 일이 무엇보다 필요하다. 나 같은 경우는 소학교 시절부터 작문이 서툴렀다. 지금도 내 전문 분야를 익숙하지 않은 외국어로 쓰거나 말하게 되면 정해진 표현밖에 할 수가 없다. 미묘한 뜻을 상대방에 전달하는 따위는 생각할 수도 없고, 뜻대로 되지 않아 어쩔 도리가 없다. 이것은 매우 큰 약점이라고 생각한다.

이 2, 3월 중에 나는 '물리학 강좌'의 한 항목을 써야 하지만, 지금까지 반복해서 말한 '쓰는 언어'와 '말하는 언어' 사이의 괴리를 한동안 고민하지 않으면 안 될 듯싶다. 그러나 근래 이 강좌나 '양자물리학 강좌', 그 밖에 일본어로 쓰여진 물리학 전문 서적들이 많이 출판되면서 여러 가지 술어에 대한 역어도 자연스럽게 귀에 익숙해짐과 동시에 대개 알맞은 것으로 정착해가는 경향이 있는 것은 매우 기쁜 일이다. 이에 동반하여 단순히 언어, 즉 표현

---

63. 예를 들어, '키칸'이라는 일본어 발음에는 기간(期間), 기관(機關), 귀환(歸還) 등 다수의 한자어들이 대응할 수 있기 때문이다. (옮긴이)

의 형식과 같은 2차적인 문제뿐만이 아니라 일본의 문서 내용 자체도 중실히 향상되고 있는 것은 매우 기쁜 일이다. 욕심이 있다면, 한발 더 나아가 '독창적인 책'이 배출되기를 바라는 바이다. 여기서 '독창적'이라는 것은 자기 자신의 독창적인 연구를 종합한다는 좁은 의미가 아니다. 어떤 독자의 입장, 독자의 관점으로부터 어떤 문제에 관한 제가諸家의 연구를 종합한 것이라도 좋다. 대학 신입생들이 사용하는 교과서 혹은 참고서 정도의 고전적인 제목을 취급한 것에도 이 의미의 독창적 저서는 적지 않다. 옛날부터 명저라고 불리는 것은 어느 것이든 넓은 의미로 독창적인 것이었다. 그런데 독창적인 책은 자칫하면 난해하고 짜임새가 떨어질 수 있다. 따라서 이것을 발판으로 그 같은 결점을 더욱 보완하는 책이 나오는 것은 자연스러운 흐름이라고 해도 과언이 아니다. 후자가 형식적으로는 더 완전하고, 또 여러 가지 의미에서 편리한 것이 통례이지만 읽고 얻는 감동이 전자보다 훨씬 떨어지는 것은 어쩔 도리가 없는 일이다.

 지금까지 말한 것은 충분한 실력을 가지고 있는 전문가들에 대한 내 멋대로의 희망일 뿐, 내 자신은 학력의 빈곤을 항상 유감스럽게 여기고 있다. 이 강좌에서 부탁받은 '원자핵의 이론'이라는 항목에 대해서마저 내가 충분히 소화할 수 없는 문제가 무척 많기 때문에 '독창적'이기는커녕 많은 전문가들의 연구를 오류 없이 소개하는 것조차 불안할 지경이다. 정말 안타까울 뿐이다.

(1940년 2월)

《현대의 물리학》

오늘날 물리학의 중심이 어디에 있고 어느 방향으로 향하고 있는지를 정확히 이해하고 싶은 이들에게는 후지오카藤岡 박사의 최근 역작《현대의 물리학》[63]을 주저없이 권한다.

이 책의 내용을 여기서 간단히 소개하고자 한다. 우선 현상론적 방법과 원자론적 방법을 비교하는 제2권은 이론의 발달 도중에 항상 대립적인 운명에 놓이는 이 두 방법의 특질을 논하고 있다.

이어서 물리법칙의 진화 경로를 언급하고, 역학·전자기학을

63.《현대의 물리학》, 후지오카 요시오, (도쿄; 이와나미쇼텐, 1938). 후지오카 요시오(1903~1976)는 네덜란드, 독일에 유학했고 동경교육대학 부속 광학연구소의 초대소장이었다. 일본의 원자력 분야 연구에 공헌했다.(옮긴이)

중심으로 한 고전 물리학의 골격을 소묘하면서 제1장을 마무리하고 있다. 제2장에서는 특수상대성이론 및 일반상대성이론에 대해 어느 정도 자세한 설명을 하고, 제3장과 제4장에서는 원자 물리학의 발전과 이른바 전기前期 양자론을 개략하고 있다. 제5장에서부터 드디어 본 책의 중심 테마인 양자역학으로 들어간다. 즉 보어의 상보성이론과 입자, 파동의 2중성을 근간으로 한 매트릭스역학, 파동역학의 기초개념이 각각 어떻게 구성되었는가를 명쾌하게 설명하고, 나아가 이것들을 통일하는 양자역학의 수학적 체계와 가장 중요한 응용의 문제를 논하고 있다. 특히 상보성이나 불확정성에 관한 보어나 하이젠베르크의 사고실험에 대해 명확한 해설을 시도하고 있는 점은 독자들에게 큰 즐거움이다.

이처럼 양자역학 자체에 관한 부분은 100여 페이지에 지나지 않지만, 수학적 형식의 난삽함에 휘둘리지 않고, 곧바로 이론의 본질을 다루는 점에서 분명 뛰어난 해설이라고 생각된다.

그 뒤 세 개의 장은 오늘날 및 내일의 물리학의 중심문제인 원자핵에 관한 연구들을 소개하고 있다. 세계 각국의 학자들이 이 문제에 힘을 쏟기 시작한 지 얼마 되지 않았지만, 이미 방대한 실험결과가 축적되어 있어서 그것들을 간단하게 정리하는 것은 불가능하다. 따라서 제9장, 제10장에서는 가장 중요한 문제들만을 소개하고 있다. 제11장에서는 원자핵의 구성에 대한 주요한 학설들을 언급하고 있는데, 여기서는 원자론적 방법과 현상론적 방법이 여전히 대립상태에 있는 것을 알게 될 것이다. 예를 들어 보어의 핵구조론 같은 것은 현상론을 대표하는 것이고, 하이젠베르크, 페르미 등에 의한 중입자重粒子의 상호작용 및 베타 붕괴에 관한 연구는 순전히 원자론적 이론의 맹아로 간주된다. 이 사이의 귀중한 몇 페이지에서 중간자 가설에 입각한 필자들의 억설臆說이 소개되고 있는 것은 몹시 황송할 따름이다. 어찌되었든 원자핵 및 우주선에 관한 이론적 연구는 아직 초보적이지만, 이런 문제들을 계기로 양자역학으로부터 더욱 비약할 시기가 도래하고 있다는 느낌이다. 따라서 저자가 말하는 대로 이런 장들이 새롭게 쓰여질 수 있는 날이 하루라도 빨리 오기를 기대한다.

마지막 장에는 물리법칙이 일반적으로 어떤 형태를 취해야 하는지를 기존의 실례로부터 귀납적으로 논하고 있는데, 이후의 이론적 발전에도 그것은 어떤 형태로든 좋은 암시를 줄 수 있을 터이다.

이처럼 광범위하고 풍부한 내용을 적당한 한 권의 책으로 정리하기까지 저자는 엄청난 수고를 했을 테지만, 그 수고는 훌륭하게 보상받고 있는 셈이다.

(1939년 2월)

《물질의 구조》

기쿠치菊池 씨는 내가 가장 존경하는 선배 중의 한 명이다. 현대 물리학의 보급을 위해 일찍부터 노력했으며 이미 몇 권의 저서가 있다. 그중에서도 《원자 물리학 개론》[64]은 매우 훌륭한 책이다. 기쿠치 씨는 본래 꺼리낌없이 말하고 행동하며 쓸모없는 논쟁보다는 실행을 중시하는 사람이다. 그래서 그가 쓴 책을 보면 어느 것이나 명료하고 조금이라도 뜸을 들이는 적이 없다.

이번에 새로 소우겐創元 과학총서의 하나로 출판된 《물질의 구

---

64. 《원자 물리학 개론》, 기쿠치 세이시, (도쿄; 이와나미 쇼텐, 1935). 기쿠치 세이시(1902~1974)는 오사카대학 교수로, 일본에서 원자 물리학 분야의 일인자라고 일컬어졌다. (옮긴이)

조》도 마찬가지다.[65] 나는 이 책의 비평을 의뢰받았던 당시 매우 바쁜 나날을 보내고 있었기 때문에 원고 집필에 관한 대부분의 제의를 거절해야 했다. 그럼에도 불구하고 이 책의 비평을 수락했던 것은 기쿠치 씨의 인품이 이 책 안에 생생히 드러나 있기 때문이었다. 나아가 과학 서적의 전성기를 맞이한 근래 들어 정말로 추천할 수 있는 양서가 적은 것을 유감으로 여기고 있었기 때문이다.

내용은 총 4장으로 나누어져 있다. 제1장 현대 물리학의 기본 문제, 제2장 인과율에 관한 플랑크 Max Planck, 1858~1947 교수의 소론에 대해, 제3장 물리학에서의 공간과 시간, 제4장 물질의 구조이다. 그중에서 가장 긴 것은 제4장으로 전체 분량의 절반에 달한다. 원자구조에 관한 평이한 해설을 시작으로 원자핵에 관한 문제들이 매우 자세하게 논의되고 있다. 실험으로부터 직접 얻을 수 있는 지식을 전개하는 데 중점을 두고, 이론에 깊이 파고드는 것을 가능한 한 피하는 것은 이런 통속서로서는 매우 타당한 태도일지 모른다. 왜냐하면 원자핵에 관한 현존의 이론들은 아직도 매우 불안정하기 때문이다. 나아가 심한 유동성을 가진 우주선에 대한 서술이 짧은 것도 비슷한 이유일 것이다. 여기에도 실험 물리학자로서 착실한 길을 걸으려는 저자의 마음이 잘 드러나 있다.

---

65. 《물질의 구조》, 기쿠치 세이시, (도쿄; 소우겐샤, 1941). (옮긴이)

그러나 이 책에서 가장 흥미롭고 주목할 만한 것은 처음 세 개의 장, 특히 제1장이다. 양자역학의 출현에 의해 19세기까지의 기계적 자연관이 어떻게 변화했는지를 저자는 매우 명쾌한 필치로 논하고 있다. 가장 소박한 입장에서 자연은 우리들로부터 독립하여 존재하는데, 종종의 감각기관을 통해 우리는 그것을 있는 그대로 인식한다고 여긴다. 저자는 이 같은 소박실재론이 현대 물리학의 입장과 모순된다는 것을 강조한다. "근대과학의 특징은 그 실증성에 있다. 자연법칙이란 자연현상을 기술하는 것이지 그것을 설명하는 것이 아니다"라는 점이 저자의 신념이다.

"양자역학 이전의 이른바 고전 물리학에서는 공간적으로 그려진 상像의 시간적 변화에 의해 자연현상을 기술하려고 했다. 이것은 우리들의 일상적인 경험을 기술하는 방식의 연장으로 보인다. 그런데 원자나 전자처럼 매우 작은 물질 입자의 움직임을 그 같은 시간 공간적인 상像에 의해 그리려고 할 때는 여러 가지 곤란에 직면하게 된다. 거기에서 태동한 것이 양자역학이다. 거기서는 이른바 미시적 현상에 대한 시간 공간적 기술이 불가능하다는 입장이 취해진다. 예를 들어 전자의 위치와 속도를 동시에 정확하게 결정할 수 없다는 의미에서 상像으로서의 묘사가 불가능하다. 따라서 물리적인 양은 상像과 무관하게 정하지 않으면 안 된다. 즉 일정한 실험조작에 의해 정의될 수 있는 양만이 문제가 된다. 자연법칙이란 그 같은 양들 사이의 함수적 관계를 규정하는 일이다. 그리고 물리학적 이론의 목적은 주어진 실험장치를 운전할 경우, 어떤 현상이 일어날지를 예측하는 데 있다. 하지만 개개의 경우에 대한 예측은 일반적으로 불가능하며 동일한 실험을 수차례 반복한 경우에만 그 결과를 사전에 알 수 있다는 의미에서, 엄밀한 의미의 인과율은 성립하지 않고 단지 통계적인 인과율만이 성립할 뿐이다."

이상이 제1장의 논지를 요약한 내용이다. 이 생각은 하이젠베르크, 요르단 등이 양자역학의 기초를 세울 때 취했던 실증론적 입장과 매우 유사하다. 그것이 19세기적인 기계론으로부터 양자역학적 자연관으로의 전환에서 큰 역할을 한 것은 사실이다. 그리고 이 생각이 지금도 일반인들의 계몽에 큰 효과를 발휘하고 있는 것도 틀림없는 사실이다.

그러나 현재의 양자역학에서도 미시적 현상을 시간 공간적으로 기술하는 방법이 완전히 부정된다고는 말할 수 없다. 아울러 자연과학의 목표를 각각의 실험결과의 배후에 있는 자연법칙성의 탐구에 둔다면, 우리들은 조금 다른 생각이 가능하지 않을까? 즉 무엇에 관한 법칙성인가가 문제가 되는 이상, 일단 대상화된 자연을 상대로 하는 것은 피할 수 없다. 인식의 문제 뒤에는 반드시 존재의 문제가 있지 않을까? 이에 대해서는 이른 시일 내에 《존재의 이법》에서 좀 더 구체적으로 논해보려고 생각한다.

그러나 이렇게 말했다고 해서 기쿠치의 소론이 반드시 틀렸다는 이야기는 결코 아니다. 그것은 분명히 하나의 입장, 하나의 명확한 시각이다. 특히 스스로의 손으로 실험하고 자연과 합일하여 자연을 알고자 하는 과학자로서는 아주 적절하고 이상적인 태도일 것이다. 단지 실제의 문제로서 모든 양을 처음부터 특정한 실험조작과 관련하여 정의하는 것은 매우 곤란하기 때문에 이론체계를 구성하는 데에는 어떻게든 좀 더 포괄적인 입장에 서지 않을 수 없을 뿐이다.

정리하면, 본 책에는 저자의 인격이 그대로 배어나오기 때문에 읽은 후에는 상쾌한 느낌을 받는다. 독자들은 틀림없이 단순한 교과서적 기술에 의해서는 얻을 수 없는 감동을 얻게 될 것이라고 믿기 때문에 여기에 소개하는 바이다.

(1942년 1월)

《피에르 퀴리 전》

피에르 퀴리Pierre Curie, 1859~1906는 그의 친구였던 앙리 푸앵카레Jules-Henri Poincaré, 1854~1912와 함께 많은 프랑스 과학자들 중에서도 내가 특히 좋아하는 사람이다. 그는 퀴리 부인의 남편이고 라듐의 발견자 중 한 사람이다. 또 피에조 전기(압전기)나 자기에 관한 퀴리의 법칙을 발견했고, 결정 물리학 분야에서 수많은 획기적인 연구를 진행했다. 그는 그 같은 뛰어난 업적 이상으로 존경받아야 할 진실로 순수한 영혼을 가진 사람이다.

나는 오래 전부터 그의 인품에 대해 자세히 알고 싶었지만 그럴 기회를 가질 수 없었다. 이번에 와타나베 사토시渡邊慧가 퀴리 부인이 쓴 전기를 번역했기 때문에 즉시 일독하여 이제야 그 뛰어난 인품에 감동했다.[66] 그리고 내 마음속에 얼마나 많은 더러움이 스며들어 있는지 정말 부끄럽지 않을 수 없었다.

와타나베의 번역문은 유려할 뿐만 아니라 나 같은 전문가들에게도 참고가 되는 매우 친절한 각주가 붙어 있어서 더욱 흥미진진한 느낌을 가졌다. 나는 이 전기를 읽으면서 여러 가지 감격에 젖었다. 지금 그 하나를 기억해냄으로써 소개의 말로 대신하고자 한다.

그가 활동하던 시대는 물리학에서 큰 과도기였다. 그것은 17세기에 발흥하여 19세기에 완성된 이른바 고전 물리학으로부터 상대성이론과 양자론으로 대표되는 현대 물리학으로의 전환기였다. 그런 시기에는 반드시 많은 뛰어난 학자들이 출현할 뿐만 아니라 그중에는 유형이 다른 여러 학자들을 볼 수 있는데, 특히 보수적인 학자와 진보적인 학자 사이의 대조가 현저해지는 경향이 있다. 전자는 가능한 한 고전론의 입장을 고수하려고 한다. 그리고 현실과의 사이에서 발생하는 모순을 기존 이론이 가진 근본적 결함에서보다는 오히려 부분적인 미완성으로 돌리고자 한다. 그에 반해 후자는 전혀 새로운 길의 개척에 전면적으로 매진하게 된다.

---

66. 《피에르 퀴리 전》, 마리 퀴리 지음·와타나베 사토시 옮김, (도쿄: 하쿠수이샤, 1942). 원저는 마리 퀴리가 1923년에 쓴 《피에르 퀴리Pierre Curie》이다. 한국어 번역본은 금내리 옮김, 《내 사랑 피에르 퀴리》(궁리, 2000).(옮긴이)

물론 전자 안에서도 고전론에 대한 집착 정도에 따라 스스로 몇 단계로 나눠질 것이고, 후자도 고전론의 어느 정도를 인정하고 어느 정도를 폐기하는가 하는 차이에 따라 더욱 세밀한 구분이 가능할 것이다.

 그 같은 시기에 지금 하나의 특징은 '과도기적'인 이론이 여러 개 나타났다가 사라지고, 나타났다가 다시 사라져간다는 것이다. 그리고 그 대부분은 학계에서 마침내 잊혀져버리는 운명에 처해지고, 오직 소수만이 어떤 형태로든 훗날의 이론 안에 살아남는다. 그러나 우리들은 어떤 이론이 과도기적이라는 이유로 그 가치를 과소평가해서는 안 된다. 그리고 또 어떤 학자가 보수적이라고 해서 학문의 진보에 대한 공헌이 적었다고 속단해서도 안 된다.

 이렇게 쓰는 도중에 내 머릿속에 자연스럽게 떠오르는 사람은 로렌츠Hendrik Antoon Lorentz, 1853~1923이다. 그 사람이야말로 전형적인 과도기의 학자였다. 그가 평생 힘을 쏟아 건설한 전자론은 그것이 아무리 훌륭한 것이었다 해도 어차피 과도기의 산물이었다. 그 근저는 상대성이론과 양자론 양방으로부터 무너져 버렸다. 그러나 우리들은 역시 물리학계에 대한 그의 위대한 공헌을 인정한다. 나아가 그도 피에르 퀴리와 마찬가지로 고결한 인격의 소유자였고, 살아 있는 동안 학계로부터 그에 걸맞는 존경을 받고 있었다.

앙리 푸앵카레도 또한 과도기의 사람이었다. 무슨 일에든지 충분한 성과를 올리고야 마는 특별한 자질을 타고났으면서도 현대 물리학 이론들의 충분한 개화를 보지 못하고 세상을 떠난 것은 매우 아쉬운 일이다. 오늘날까지 살아서 양자역학의 성과를 보았다면 무슨 생각을 했을까?

피에르 퀴리가 뜻밖의 비참한 죽음을 맞이한 것은 1906년이었는데 그때 양자론도 특수상대론도 이미 세상에 나와는 있었다. 하지만 그는 자신들의 연구대상이었던 방사능 현상이 그 후의 물리학에서 얼마나 중요한 의미를 갖게 될 것인지에 대해서는 충분히 알지 못했다. 그들 부부 중 한 사람을 갑자기 이 지상으로부터 빼앗고, 다른 한 명을 오랫동안 살도록 했던 '우연'의 법칙이 (방사성 원자의 붕괴과정만이 아니라) 미시적인 세계에서 발생하는 거의 모든 현상의 근저를 지배하고 있다는 점을 알지 못했던 것이다. 그가 결정의 연구에서 가장 흥미를 느꼈던 자연의 '대칭성'이 오늘날의 양자역학 안에 얼마나 아름다운 형태로 나타났는지 그것을 알 수 있는 기회가 주어지지 못했던 것이다.

과학은 끊임없이 진보한다. 항상 내일의 비약을 약속한다. 오늘날의 물리학도 역시 과도기가 아니라고 누가 말할 수 있겠는가? 일본의 물리학이 독자적인 발전을 이룰 하나의 큰 전환기가 아니라고 누가 단정할 수 있겠는가? 나 같은 경우 스스로의 본래 성향

이 진보적이든 보수적이든 직분에 따라 이 학문의 약진에 공헌할 수 있는 좋은 기회를 만났다고 어떻게 말하지 않을 수 있겠는가?

(1943년 1월)

눈과 손과 마음

 인간이 '물체'를 만들기 위해서는 반드시 '손'을 사용한다. 손에 의해 물체는 그 형태를 바꾼다. 그 과정에서 우리에게 도움이 되는 물체가 만들어진다. 어떤 경우에는 만들어진 물체 자체를 도구로 하여 또 다른 물체가 만들어지기도 한다. 그것이 또 도구가 되는 경우조차 있다. 도구가 복잡해지면 기계가 된다. 그리고 우리들의 손에 의해 직접 만들 수 있는 물체와는 비교가 되지 않을 정도로 큰 것, 정교한 것이 기계에 의해 쉽게 만들어지는 것이다.
 그런데 도구나 기계가 아무리 진보하더라도, 그것이 손의 연장이고 손에 의해 조정할 수 있는 것인 한, 어떤 종류의 제약으로부터 벗어나는 것은 불가능하다. 그것은 우선 형태가 있는 것이 아니면 안 된다. 게다가 그것은 손으로 움직여도 쉽게 형태가 무너지거나 부서지지 않을 정도로 튼튼한 것이 아니면 안 된다. 즉 물리학에서 말하는 '개체'가 아니면 안 된다. 복잡한 기계가 되면, 단일한 고체가 아니라 많은 고체가 특정한 방법으로 연결되어야 한다는 것은 당연하다. 어찌되었든 '기술'이라고 불리는 것은 언제나 이 같은 일정한 형태와 강고함을 가진 기계를 불가결한 요소로 하는 것임은 새삼스레 말할 이유도 없을 터이다.

그런데 물체의 형태를 변화시켜 새로운 물체를 만드는 일에는 또 하나의 불가결한 요소가 있다. 그것은 말할 것도 없이 물체를 움직이는 데 필요한 '힘'이다. 손가락의 정교함과 동시에 팔 근육의 힘이 필요한 것이다. 각각의 기계에 어떤 형태로든 동력이 공급되지 않으면 안 된다. 예를 들어 그것은 증기가 팽창하는 힘이고 가스가 폭발하는 힘이며 전기의 힘이다. 그러나 힘 자체는 본래 형태가 없다. 그것이 단지 형태가 있는 물체와 함께 하고 있기 때문에 우리들은 그것을 제어할 수 있을 뿐이다. 높은 장소에서 떨어지는 물 자체는 운동에너지를 갖고 있기 때문에 그것을 전력으로 바꾸는 것이 가능하다. 전력이라는 것도 역시 그것이 '철사'라는 고체 안을 흐르는 전류의 형태일 때 비로소 인간의 손으로 조정할 수 있게 된다. 공간에 전해지는 전파는 안테나에 잡힐 때 비로소 쓸모 있게 된다.

이처럼 인간이 여러 형태의 힘을 이용하여 여러 가지 물체를 만드는 데 직접 상대하는 것은 항상 고체 또는 고체가 연결된 것으로서의 기계이며 기구이다. 그렇다면 그것들을 만드는 재료가 되는 물체 자체는 대체 어디에서 얻은 것일까?

그것은 어떤 형태로 처음부터 그곳에 있었던 것이다. 인간이 있든 없든 상관없이 자연물로서 존재하고 있었던 것이다. 물체를 만드는 데 필요한 동력은 어디에서 나온 것일까? 그것도 물론 자연이 본래 가지고 있던 힘 이외의 아무것도 아니다. 실제로 자연 자신이 우리들이 존재하든 존재하지 않든, 자기 자신 안에 내포된 힘에 의해 부단히 그 모습을 변화시키고 있는 것이다. 산 위의 흙은 빗물에 의해 쉴 새 없이 평지로 운반된다. 동물이나 식물이 수없이 생겨났다가 사라져간다.

이 휴식과 멈춤을 모르는 자연 자신은 대체 누가 만든 것일까? 만든 이의 모습은 어디에도 보이지 않지만, 인간과의 유추에 의해 조물주를 상상하는 것은 자유다. 그러나 조물주는 인간처럼 '손'을 써서 물체를 만들지는 않는다. 특별한 도구, 특별한 기계를 사용하는 것이 아니다. 문자 그대로 자연스럽게 물체의 모습이 변하여 물체가 생겨나는 것이다. '천도불언이품물향세공성(天道不言而品物亨歲功成, 하늘의 도는 아무 말 하지 않아도 세상 만물이 형통하고 한 해의 모든 공덕이 이루어진다)'이라는 말 그대로이다. 인간 자신의 육체도 또한 도구를 사용하지 않고 만들어지는 자연의 소산이다. 육체의 일부인 손 자체는 결코 고체로서의 도구가 아니다.

  조물주가 손을 사용하지 않았다고 하면 그 대신 사용한 물체는 무엇이었을까? 인간과의 유추에 의해 조물주의 마음을 상상하는 것도 자유이다. 그러나 그 마음은 인간보다 훨씬 이성적인 것이다. 자연은 자기 자신의 규칙을 가지고 있다. 그리고 그것으로부터 일탈한 움직임을 하는 경우는 결코 없다. 자연력의 발현, 자연의 모습이 변화하는 것은 모두 자연이 스스로 정한 규율에 충실한 결과로서 생겨나는 것이다. 조물주는 다른 것을 움직이는 '손'을 갖지 않는다. 조물주 자신의 '마음'에 따라 스스로가 변화해가는 것이다.

  그렇다면 조물주의 마음은 무엇으로 알 수 있을까? 인간의 마음은 대체 어떤 방법으로 그것과 교감할 수 있을까? 이에 대해 해답을 주는 것이 '과학'이다. 과학은 현재 자연 자신이 복종하는 여러 가지 규칙을 발견해내고 있다. 어떤 방법에 의해 그것을 발견하는 것일까? 마치 눈에 보이는 얼굴의 모습을 통해 그 사람의 마음을 파악할 수 있는 것처럼, 눈에 보이는 자연의 모습을 통해 조물주의 마음을 파악하는 것이다. 물체를 만드는 데 '손'이 필요한 것과 같은 정도로, 물체를 아는 데는 '눈'이 필요하다. 그러나 눈이 단순히 육안에 멈춰 있을 때는 자연의 표층밖에 볼 수 없었다. 현미경과 엑스선 발생장치가 고안되고, 그것에 의해 육안이 보완

되었을 때 처음으로 자연의 진정한 마음을 꿰뚫어보는 것이 가능해졌다. 그런데 그것들은 모두 인간의 손에 의해 만들어진 '기계'였다. 여기서도 기계가 인간과 자연을 연결하는 거의 유일한 통로로서 존재한다는 것을 알게 된다. 그러나 그것은 결코 고립해 있는 것이 아니다. 형태가 있는 물체로서의 기계의 배후에는 눈에 보이지 않는 자연력이 있고, 물체도 힘도 부동의 자연법칙을 따라 변화해가는 것이라는 점을 잊어서는 안 된다.

(1943년 1월)

눈에 보이지 않는 것

 물리학의 연구 방법에는 두 종류가 있다. 하나는 우리들의 눈에 보이는 사물들 사이의 관계를 직접 충실하게 따라가는 방법, 즉 현상론적 방법이다. 다른 하나는 모든 자연현상을 원자나 전자 등의 상호작용의 결과로 해석하려는 입장, 즉 원자론적 방법이다. 오늘날에는 후자 쪽이 활발하게 이용되고 있다.

 그런데 원자나 전자 자신은 눈에 보이지 않는 것이다. 현미경으로도 볼 수 없는 작은 것이다. 하필이면 왜 그런 것을 상대할 필요가 있을까? 전류라는 것이 다수의 전자의 흐름이라는 것을 알든 모르든 고장난 전선을 수리하는 데는 별반 차이가 없을 터이다.

 현상론적인 방법이야말로 유일한 과학적 연구법이기 때문에 눈에 보이지 않는 원자의 움직임까지 파고드는 것은 잘못된 길이다.

아니 적어도 전문가 이외에는 전혀 불필요하다는 의견이 먼저 제기될 듯싶다.

이에 대해 우리들은 병에 걸린 경우 어떻게 할까를 생각해보자.

의사는 그것을 세균 때문이라고 한다. 물론 우리들의 눈에 그것이 보이지 않더라도, 의사가 말하는 것은 사실이라고 믿는다. 그리고 눈에 보이지 않는 세균을 철저하게 연구하지 않으면, 이 지상에서 병을 몰아낼 수 없다는 것을 의심할 여지 없이 인정하기에 이른다. 이렇게 볼 때 우리들은 의학에 관해서만큼은 원자론적 연구법의 중요성을 충분히 납득하고 있는 셈이다.

물리학의 경우에는 왜 비슷하게 생각되지 않는 것일까? 물론 세균은 현미경 밑에서 확실히 그 정체를 볼 수 있지만, 원자는 그럴 수 없다는 차이가 있다. 그러나 예를 들어 윌슨wilson의 안개상자를 이용하면, 전자 하나하나가 지나간 흔적을 보는 것도 가능하다. 둘 사이의 차이는 결국 정도의 문제이다.

오늘날의 물리학에서 원자의 존재는 세균의 존재에 비해 조금도 뒤떨어지지 않는 확실성을 가진 사실이다. 그리고 오늘날 이 학문의 융성 자체가 원자론적 연구법의 우월성을 보여주는 가장 좋은 증거이다.

결국 원자나 전자가 너무 미세하고 세균처럼 살아 있는 것도 아니기 때문에 어딘가 실생활과의 관련이 멀고, 도움이 되지 않는다고 쉽게 단정지어버리기 때문인지도 모른다. 그렇다면 이렇게 작고 눈에 보이지 않는 물체도 가능한 한 친근감을 갖고 대하는 일이 과학의 보급을 위한 하나의 통찰이라고 말하더라도 그것이 결코 아전인수라고만은 볼 수 없을 것이다.

(1943년 12월)

사상의 결정結晶

　물은 얼었을 때 비로소 손으로 잡을 수 있다. 그것은 인간의 사상이 마음속에 있을 때는 물처럼 끝없이 유동하고 쉽게 포착하기 어렵지만, 그것이 일단 종이 위에 인쇄되면 어느 누구의 눈에도 확실한 형태가 되고 더 이상 움직일 수 없는 것이 되어버리는 것과 유사하다. 책은 진정 사상의 동결이고 결정이다.
　자신이 평소 생각했던 것, 썼던 것이 활자가 되어 한 권의 책으로 만들어지는 모습에 나는 이 같은 감회를 새롭게 느끼는 것이다. 자신의 저서이면서 그 안에 고정되어 있는 사상은 무언가 자신의 것이 아닌, 남의 것 같은 착각을 일으키기도 한다. 그 정도는 아니더라도 현재 자신의 마음속을 왕래하는 사상과 비교하면 적어도 어떤 시간의 간극을 인정하지 않을 수 없다. 그에 동반하여 현재 자신 인에 살아 있는 사상을 더욱 충실하게 표현해보고자 하는 강한 욕구를 느낀다. 그런데 그 결과가 새로운 책의 형태를 취하여 외부에 나타날 때, 내부의 사상은 또 다른 방향으로 흘러가 버리는 것이 보통이다. 그러나 그것은 사상의 진보나 성장이 멈추지 않는 한, 벗어나기 힘든 운명일 것이다.

이것을 거꾸로 본다면, 자신의 사상이 책의 형태로 일단 고정되면 (머리 안에서 유동하고 있을 때는 애매했다) 장점이나 단점이 분명히 드러나게 된다. 그것은 더 이상 자기 한 명의 사유물이 아니라, 만인의 공유물로서 여러 가지 비판과 검토를 거치지 않으면 안 된다. 그리고 그 이유야말로 저자 자신이 더욱 발전하는 데 가장 좋은 기지基地가 될 뿐만 아니라 많은 다른 사람들의 마음에도 신선한 영양분이 되어 강한 자극을 전해줄 수 있다.

책이 사상의 결정이라면, 책 제목이야말로 그 전체 내용을 결정하는 더 없이 중요한 핵심이라고 말할 수 있다. 말할 것도 없이 책의 표제로부터 그 내용을 즉시 어느 정도까지 짐작할 수 있는 점에서 표제의 존재 의의가 있다. 그뿐만이 아니다. 저자의 마음속에 나타나 있는 미묘한 기분조차도 제목으로부터 읽어낼 수 있다. 나는 최근 일이 년 사이에 《극미의 세계》 및 《존재의 이법》이라는 책 두 권을 출판했지만, 현재의 내가 볼 때 그 내용은 위에서 말한 대로 상당한 시간의 간극을 인정하지 않을 수 없다. 그와 동시에 제목 자체에도 무언가 현재의 내 느낌과 맞지 않는 것을 느낀다. '극미'라는 말은 단순히 '매우 미세한 물物'이라는 것을 축소시킨 것에 지나지 않는다. 그러나 현대 물리학에서 취급하는 대상을 가리키기에는 너무 고풍스러운 어감이 느껴지는 것도 사실이다. 그도 그럴만한 것이 극미라는 말은 이미 일찍부터 불교 경전에 나와 있는 것이다. 이 책이 출판되고 난 후, 아베 요시오阿部良夫의 가르침을 통해 알았던 것인데, 예를 들어 불멸佛滅 900년 인도에서 출가한 세친世親의 '구사론俱舍論'에 의하면, 물질세계는 색, 향, 맛, 촉감의 4진塵으로부터 구성된다. 이 4진은 '극미'가 쌓여 모인 것이고, 극미란 단단한 성질, 습한 성질, 온난한 성질, 동적인 성질의 4개 성질을 가진 극도로 미소微小한 것을 가리킨다. 말하자면 그것은 물질을 구성하는 최소단위를 의미하는 것으로, 오늘날 우리들의 술어를 사용하면 '소립자'에 다름 아니다. 따라서 내가 극미의 세계라는 제목을 선택한 것도 반드시 적합하지 않는 것은 아니다.

그리고 《존재의 이법》이라는 제목도 내용과 비교할 때 너무 고풍스럽다고 느끼는 사람도 있을 것이다. 물론 단순히 '존재'라고 말하는 대신에 '물질적 존재' 혹은 '물리학의 대상'이라고 하거나, '이법' 대신에 '논리와 법칙'이라고 말한다면 더 정확해질 뿐만 아니라 내용에도 걸맞는 신선함이 더해질지 모른다. 그러나 그

텅세 되면 결정으로 성장하는 핵이 되기에는 너무 크다. 같은 구사론에 (극미 정도는 아니지만) 매우 작은 것으로서 '토모진(兎毛塵, 토끼털 끝에 붙을 수 있을 정도로 작은 먼지)'이라는 말이 있다. 실제 토끼털 자체가 매우 작은 것인데 그 군데군데에 매우 작은 혹이 있다. 이것이 눈의 결정을 인공적으로 만들 때, 가장 좋은 핵이 된다는 것이 나카야 우카치로中谷宇吉郎, 1900~1962[67] 박사의 유명한 실험에 의해 알려져 있다. 나도 마찬가지로 가능한 한 응축된 작은 핵을 중심으로 가능한 한 크고 가능한 한 아름다운 결정을 만들고 싶은 사람 중의 한 명이다.

양귀비씨 안에 수미산須彌山이 들어 있다는 비유처럼.

(1943년 12월)

---

67. 나카야는 일본의 물리학자이자 홋카이도대학 교수였다. 눈의 결정을 연구한 그는 1936년 세계 최초로 인공설(人工雪)의 제작에 성공했다. (옮긴이)

이 책에 언급된 도서들

《극미의 세계極微の世界》, 유카와 히데키, (도쿄: 이와나미 쇼텐, 1942)

《존재의 이법存在の理法》, 유카와 히데키, (도쿄: 이와나미 쇼텐, 1943)

《최근의 물질관最近の物質觀》, 유카와 히데키, (도쿄: 코분도, 1939)

《나쓰메 소세키夏目漱石》, 고미야 도요타카, (도쿄: 이와나미 쇼텐, 1938)

《현대의 물리학現代の物理學》, 후지오카 요시오, (도쿄: 이와나미 쇼텐, 1938)

《물질의 구조物質の構造》, 기쿠치 세이시, (도쿄: 소오겐샤, 1941)

《피에르 퀴리 전ピエル・キュリ―伝》, 마리 퀴리 지음·와타나베 사토시 옮김, (도쿄: 하쿠수이샤, 1942)